P037 ● 3.1.2 课堂案例——打开项目文件

P046 ● 3.3.3 课堂案例——添加音乐轨道

P048 ● 3.3.5 课堂案例——交换覆叠轨道

P058 ● 4.3.5 课堂案例——应用常规项目模板

U0191543

P061 ● 4.4.2 课堂案例——边框模板的应用

P064 ● 4.4.5 课堂案例——制作瓢虫小动画

P066 ● 4.5.1 课堂案例——选择影音模板

P079 ● 5.3.2 课堂案例——调整Flash动画素材大小

童趣
INNOCENT AND PURE

P105 ● 7.1.4 课堂案例——替换素材文件

7.1.7

※ P107

课堂案例——粘贴可选素材属性

7.2.4

※ P112

课堂案例——对素材进行变形

8.2.4

※ P131

课堂案例——分割多段视频

9.2.2

※ P144

课堂案例——手动添加转场

9.4.2

※ P153

课堂案例——设置转场边框效果

10.2.1

※ P159

课堂案例——添加单个视频滤镜

※ P160

10.2.2

课堂案例——添加多个视频滤镜

※ P172

11.1.2

课堂案例——添加预设字幕

※ P183

11.2.5

课堂案例——添加文字背景

P186 11.3.3 课堂案例——在视频中插入字幕

P193 12.2.2 课堂案例——用区间修整音频

P197 12.3.2 课堂案例——用调节线调节音量

P199 12.3.3 课堂案例——用混音器调节音量

P200 12.3.4 课堂案例——调节左右声道

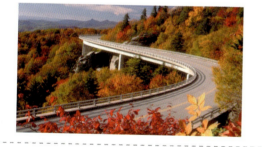

P205 13.2.1 课堂案例——输出完整影片

P208 13.2.3 课堂案例——输出宽屏视频

P209 13.3.1 课堂案例——输出独立视频

13.3.2

P210　　　　　　　　　　　　　课堂案例——输出独立音频

13.4.3

P211　　　　　　　　　　　　　课堂案例——输出到光盘

14.1.1

P216　　　　　　　　　　　　　课堂案例——水墨画节目开场

14.2.1

P223　　　　　　　　　　　　　课堂案例——健身俱乐部广告

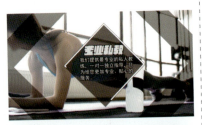

会声会影2018
实用教程

麓山文化　编著

人民邮电出版社
北　京

图书在版编目（CIP）数据

会声会影2018实用教程 / 麓山文化编著. -- 北京：
人民邮电出版社，2020.8
ISBN 978-7-115-53496-5

Ⅰ. ①会… Ⅱ. ①麓… Ⅲ. ①视频编辑软件－教材
Ⅳ. ①TN94

中国版本图书馆CIP数据核字(2020)第074737号

内 容 提 要

这是一本用以帮助入门级读者快速并全面掌握会声会影2018视频编辑软件的参考书。

本书全面系统地介绍了会声会影2018的基本操作方法和视频制作技巧，包括会声会影2018基本操作、项目文件的编辑、视频模板的应用、添加媒体素材、视频素材的捕获、素材的编辑与调整、剪辑视频素材、视频转场的应用、视频滤镜的应用、添加与制作字幕、添加与编辑音频、影片的输出与共享以及商业案例实训等内容。全书以各种重要技术为主线，对每种技术的重点内容进行细致介绍，同时安排了大量课堂案例和课后习题，帮助读者快速熟悉软件功能和制作思路。

本书附赠所有案例的源文件、素材文件、多媒体教学视频与PPT教学课件等资源，读者可扫描书中二维码下载使用。

本书结构清晰、语言简洁，适合会声会影初中级用户阅读，包括广大影视制作爱好者、数码工作者、影视制作工作者以及音频处理人员等。同时，本书还适合作为高等院校和培训机构艺术专业课程的教材，也可以作为会声会影2018自学人员的参考用书。

◆ 编　著　麓山文化
　　责任编辑　王　惠
　　责任印制　马振武

◆ 人民邮电出版社出版发行　　北京市丰台区成寿寺路 11 号
　　邮编　100164　电子邮件　315@ptpress.com.cn
　　网址　https://www.ptpress.com.cn
　　北京隆昌伟业印刷有限公司印刷

◆ 开本：787×1092　1/16
　　印张：14.5　　　　　　　　　　彩插：2
　　字数：366 千字　　　　　　　　2020 年 8 月第 1 版
　　印数：1 – 2 000 册　　　　　　　2020 年 8 月北京第 1 次印刷

定价：45.00 元

读者服务热线：(010)81055410　印装质量热线：(010)81055316
反盗版热线：(010)81055315
广告经营许可证：京东市监广登字 20170147 号

前　言

关于会声会影2018

会声会影 2018 是 Corel 公司推出的一款操作简单、功能强大的视频编辑软件，其精美、简洁的操作界面和新增功能带给用户全新的创作体验。

关于本书内容

本书以通俗易懂的语言搭配众多精选案例，意在使读者迅速积累实战经验，提高技术水平，从新手成长为高手。编者对本书的编写体系进行了精心的设计，以"软件功能解析 + 课堂案例 + 课后习题"这一形式进行编排。本书力求通过软件功能解析使学生深入学习软件功能，快速熟悉影片的剪辑和制作思路；通过课堂案例和课后习题，提高学生的软件使用技巧，拓展实际应用能力。在内容编写方面，力求通俗易懂、细致全面；在文字叙述方面，力求言简意赅、重点突出；在案例选取方面，则强调案例的针对性和实用性。

本书的参考学时为 33 学时，其中实践环节为 32 学时，各章的参考学时见下面的学时分配表。

章节	课程内容	学时分配	
		讲授学时	实训学时
第 1 章	初识会声会影 2018	1	
第 2 章	软件的基本操作	1	
第 3 章	项目文件的编辑	3	3
第 4 章	视频模板的应用	3	3
第 5 章	添加媒体素材	2	2
第 6 章	视频素材的捕获	2	2
第 7 章	素材的编辑与调整	1	2
第 8 章	剪辑视频素材	3	2
第 9 章	视频转场的应用	1	2
第 10 章	视频滤镜的应用	2	2
第 11 章	添加与制作字幕	6	6
第 12 章	添加与编辑音频	1	1
第 13 章	影片的输出与共享	1	1
第 14 章	商业案例实训	6	6
课时总计		33	32

本书特色

为了让读者可以轻松自学并深入地了解会声会影 2018 软件功能，本书在版面结构上尽量做到清晰明了，如下图所示。

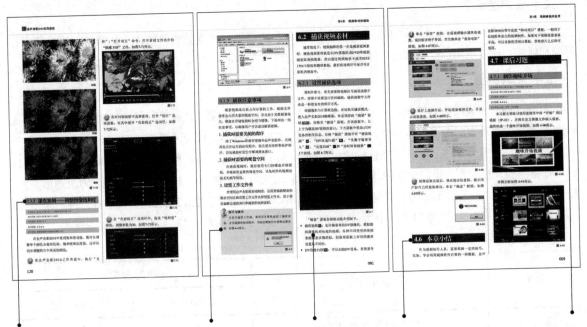

课堂案例：所有案例均来自商业实战中的片段，且均附有高清教学视频，读者可以结合视频学习。

技巧与提示：针对软件中的难点及设计操作过程中的技巧进行重点讲解。

重要命令介绍：对菜单栏、选项板、卷展栏等各种模块中的选项含义进行解释，必要时配图说明。

本章小结：针对本章的重点内容进行回顾，与章首前后呼应，让读者抓住学习重点。

课后习题：安排若干习题，可以让读者在学完本章内容后继续强化所学技术。

本书写作团队

本书由麓山文化主编，具体参加编写和资料整理的有：陈志民、甘蓉晖、江涛、江凡、张洁、马梅桂、戴京京、骆天、胡丹、陈运炳、申玉秀、李红萍、李红艺、李红术、陈云香、陈文香、陈军云、彭斌全、林小群、刘清平、钟睦、刘里锋、朱海涛、廖博、喻文明、易盛、陈晶、张绍华、黄柯、何凯、黄华、陈文轶、杨少波、杨芳、刘有良、刘珊、赵祖欣、毛琼健等。

由于编者水平有限，书中难免存在疏漏与不足之处。在感谢您选择本书的同时，也希望您能够把对本书的意见和建议及时告知我们。

麓山文化

2020 年 3 月

资源与支持

本书由"数艺设"出品，"数艺设"社区平台（www.shuyishe.com）为您提供后续服务。

配套资源

案例源文件：书中所有案例的源文件，包含用到的各类素材。

多媒体教学视频：所有案例的完整制作思路和制作细节讲解视频。

PPT 教学课件：供教学用的 PPT 课件，可以与图书配套使用。

资源获取请扫码

"数艺设"社区平台，为艺术设计从业者提供专业的教育产品。

与我们联系

我们的联系邮箱是 szys@ptpress.com.cn。如果您对本书有任何疑问或建议，请您发邮件给我们，并请在邮件标题中注明本书书名及 ISBN，以便我们更高效地做出反馈。

如果您有兴趣出版图书、录制教学课程，或者参与技术审校等工作，可以发邮件给我们；有意出版图书的作者也可以到"数艺设"社区平台在线投稿（直接访问 www.shuyishe.com 即可）。如果学校、培训机构或企业想批量购买本书或"数艺设"出版的其他图书，也可以发邮件联系我们。

如果您在网上发现针对"数艺设"出品图书的各种形式的盗版行为，包括对图书全部或部分内容的非授权传播，请您将怀疑有侵权行为的链接通过邮件发给我们。您的这一举动是对作者权益的保护，也是我们持续为您提供有价值的内容的动力之源。

关于数艺设

人民邮电出版社有限公司旗下品牌"数艺设"，专注于专业艺术设计类图书出版，为艺术设计从业者提供专业的图书、U 书、课程等教育产品。出版领域涉及平面、三维、影视、摄影与后期等数字艺术门类，字体设计、品牌设计、色彩设计等设计理论与应用门类，UI 设计、电商设计、新媒体设计、游戏设计、交互设计、原型设计等互联网设计门类，环艺设计手绘、插画设计手绘、工业设计手绘等设计手绘门类。更多服务请访问"数艺设"社区平台 www.shuyishe.com。我们将提供及时、准确、专业的学习服务。

目 录 CONTENTS

目 录 CONTENTS

目 录 CONTENTS

目 录 CONTENTS

第1章

初识会声会影2018

内容摘要

会声会影是由加拿大Corel公司专门为视频爱好者及一般家庭用户打造的操作简单、功能强大的视频编辑软件。该软件功能齐全，不仅能够满足一般视频制作需求，还能够挑战专业级的影片剪辑。本章将对会声会影2018相关基础知识和安装、运行等进行讲解，为之后的操作及应用打下坚实的基础。

课堂学习目标

- 了解视频技术术语
- 了解视频编辑术语
- 了解会声会影2018支持的文件格式
- 熟悉软件的安装与运行

1.1　视频编辑常识

本节主要介绍视频编辑的一些基础知识，包括常用的视频技术术语、视频编辑术语，以及会声会影2018支持的文件格式等。

1.1.1　了解视频技术术语

常用的视频技术术语包括NTSC、PAL及DV等，下面将对这些术语进行简单介绍。

1. NTSC

NTSC（National Television Standards Committee）是美国国家电视标准委员会定义的一个标准，规定每秒30帧，每帧525条扫描线，这个标准同时规定了电视机上显示的色彩范围限制。

2. PAL

PAL（Phase Alternation Line）是由德国制定的电视标准。PAL的意思是逐行倒相，也属于同时制。它对同时传送的两个色差信号中的一个色彩信号采用逐行倒相，另一个色差信号进行正交调制。这样，如果在信号传输过程中发生相位失真，则用于相邻两行信号的相位会起到画面色彩互补的作用，从而有效地克服了因相位失真而引起的色彩变化。因此，PAL制对相位失真不敏感，图像彩色误差较小，与黑白电视的兼容性也好。

PAL和NTSC这两种制式是不能互相兼容的，如果在PAL制式的电视机上播放NTSC制式的影像，画面将变成黑白的，在NTSC制式电视机上播放PAL制式影像也一样。

3. DV

DV（Digital Video）直译是数字视频的意思，然而在大多数场合DV代表数码摄像机。数码摄像机曾经是主要的摄像工具，虽然现在正逐渐被手机取代，但仍有庞大的用户群体，尤其在一些专业场合仍需使用数码摄像机进行摄像。现在的数码摄像机不仅可以录制视频，还能用于各种直播平台进行在线直播。

1.1.2　了解视频编辑术语

常用的视频编辑术语有：帧和场、分辨率、渲染、电视制式、复合视频信号、编码解码器和"数字/模拟"转换器，下面进行简单介绍。

1. 帧和场

帧是视频技术常用的最小单位，一帧是由两次扫描获得的一幅完整图像的模拟信号；场是指视频信号每次扫描的图像画面。

视频信号扫描的过程是从图像的左上角开始，水平向右到达图像右边后迅速返回左边，并另起一行重新扫描。这种从一行到另一行的返回过程称为水平消隐。每一帧扫描结束后，扫描点从图像的右下角返回左上角，再开始新一帧的扫描。从右下角返回左上角的时间间隔称为垂直消隐。一般行频表示每秒扫描多少行，场频表示每秒扫描多少场，帧频表示每秒扫描多少帧。

2. 分辨率

对于视频作品来说，分辨率是非常重要的指标，因为它决定了位图图像细节的精细程度。我们可以把整幅图像想象成一个大型的棋盘，而分辨率的表示方式就是棋盘上所有经线和纬线交叉点的数目。以分辨率为2436px×1125px的iPhone X手机屏幕为例，它的分辨率代表了每一条垂直线上包含2436个像素点，共有1125条线，即扫描行数为2436，列数为1125，如图 1-1所示。通常情况下，图像的分辨率越高，所包含的像素就越多，图像就越清晰。但需要注意的是，存储高分辨率图像也会相应增加存储空间。

2436px

1125px

图 1-1

3. 渲染

在会声会影或其他视频编辑软件中，对原视频添加转场或其他特效后，输出为可观看的视频格式文件（如MP4、AVI和WMV等），这一输出过程便称为渲染。

4. 电视制式

电视制式是指电视信号的标准。目前各国采用的电视制式各不相同，制式的区分主要在于其帧频（场频）、分辨率、信号宽带及载频、色彩空间转换的不同等。电视制式主要有NTSC制式、PAL制式和SECAM制式等。中国大部分地区使用PAL制式，日本、韩国及东南亚地区与美国等欧美国家使用NTSC制式，俄罗斯则使用SECAM制式。国内市场上买到的正式进口的DV产品都是PAL制式。

5. 复合视频信号

复合视频信号是包括亮度和色度的单路模拟信号，即从全电视信号中分离出伴音后的视频信号，色度信号间插在亮度信号的高端。这种信号一般可通过电缆输入或输出至视频播放设备。由于该视频信号不包含伴音，与视频输入接口、输出接口配套使用时，还应设置音频输入接口和输出接口，以便同步传输伴音。复合式视频接口也称AV接口。

6. 编码/解码器

编码/解码器是用于对视频信号进行压缩和解压缩的工具。比较古老的分辨率为640像素×480像素的显示器为例，如果视频需要以每秒30帧的速度播放，则每秒要传输高达27MB的信息，1GB容量仅能存储约37秒的视频信息，因此必须对信息进行压缩处理，即通过抛弃一些数字信息或容易被肉眼和大脑忽略的图像信息，使视频的信息量减小。这个用于对视频进行压缩/解压缩的软件（或硬件）就是编码/解码器。

7. 数字/模拟转换器

数字/模拟转换器是一种将数字信号转换成模拟信号的装置。数字/模拟转换器的位数越高，信号失真越小，图像也更清晰。

1.1.3　常用的视频、图像及音频格式

相较之前的版本，会声会影2018功能更加全面，操作更加简单，设计也趋于人性化。作为一款功能强大的视频编辑软件，其支持的文件格式众多。下面将介绍一些常用的文件格式。

1. 视频压缩编码的格式

会声会影2018支持的视频文件格式很多，如AVI、MPEG-1、MPEG-2、AVCHD、MPEG-4、H.264、BDMV、DV、HDV、DivX、QuickTime、RealVideo、Windows Media Format、MOD（JVC MOD 文件格式）、M2TS、M2T、TOD、3GPP、3GPP2等。下面具体介绍几种常用的视频格式。

● **AVI格式**

AVI的英文全称为Audio Video Interleaved，就是音频视频交错格式。所谓"音频视频交错"，就是可以将视频和音频交织在一起进行同步播放。这种视频格式的优点是图像质量好，可以跨多个平台使用，其缺点是体积过于庞大，有时候十几分钟的视频就可以达到几吉字节。

● **MPEG-4格式**

MPEG（Motion Picture Experts Group）格式的视频文件是由MPEG编码技术压缩而成的。MPEG标准包括MPEG-1、MPEG-2、MPEG-4等版本，其中MPEG-4是较为常用的一种格式。

MPEG-4通过帧重建技术和数据压缩，以求用最少的数据获得最佳的图像质量。利用MPEG-4的高压缩率和高的图像还原质量可以把DVD中的MPEG-2视频文件转换为体积更小的视频文件。经过这样处理，图像的质量下降不大，但体积却可缩小为原来的几分之一，可以很方便地用CD-ROM来保存DVD上面的节目。现在大多视频采用了这种格式。

● **WMV格式**

WMV（Windows Media Video）是微软（Microsoft）公司开发的一系列视频编解码及相关视频编码格式的统称，是微软Windows系统内媒体

框架的一部分，因此在装有Windows系统的计算机上可以直接通过系统自带的Windows Media Player打开该格式，不需要转码或借助第三方播放器。

- **QuickTime格式**

QuickTime（MOV）是苹果（Apple）公司创立的一种视频格式，它具有较高的压缩率和较完美的视频清晰度。

- **ASF格式**

ASF（Advanced Streaming Format）是微软（Microsoft）为了和Real Player竞争而推出的一种可以直接网上观看的视频文件压缩格式。由于它使用了MPEG-4压缩算法，所以压缩率和图像的质量都较高。

- **nAVI格式**

nAVI（newAVI）是由一个名为ShadowRealm的组织发布的一种新的视频格式。它是从ASF压缩算法修改而来的（并不是想象中的AVI）。视频格式追求的是压缩率和图像质量，nAVI为了达到这个目标，改善了原来ASF格式的不足，让nAVI可以拥有更高的帧率。当然，这是以牺牲ASF的视频流特性作为代价的。概括来说，nAVI就是一种去掉视频流特性的改良的ASF格式，即非网络版本的ASF。

2. 图形图像的文件格式

会声会影2018支持多种图像文件格式，如BMP、CLP、CUR、EPS、FAX、FPX、GIF、ICO、IFF、IMG、J2K、JP2、JPC、JPG、PCD、PCT、PCX、PIC、PNG、PSD、PSPImage、PXR、RAS、RAW、SCT、SHG、TGA、TIF、UFO、UFP、WMF等，下面介绍几种常用的图像格式。

- **JPEG格式**

JPEG是一种有损压缩格式，能够将图像压缩在很小的存储空间，图像中重复或不重要的资料会被丢弃，因此容易造成图像数据的损伤。尤其是使用过高的压缩率时，解压缩后恢复的图像质量会明显降低，如果追求高品质图像，不宜采用过高的压缩率。但是JPEG压缩技术十分先进，它用有损压缩方式去除冗余的图像数据，在获得极高的压缩率的同时能展现十分丰富生动的图像，换句话说，就是可以用最少的磁盘空间得到较好的图像品质。

- **PNG格式**

PNG是用于网络传输的最新图像文件格式。PNG格式能够提供长度比GIF小30%的无损压缩图像文件。它同时提供24位和48位真彩色图像支持以及其他诸多技术性支持。PNG格式用来存储灰度图像时，图像的深度可以多达16位；存储彩色图像时，图像的深度可多达48位，并且还可以存储多达16位的通道数据。PNG格式使用从LZ77派生的无损数据压缩算法，压缩率高，生成文件容量小，一般应用于Java程序、网页或手机程序中。

- **BMP格式**

BMP格式的图像就是我们通常所说的位图，是Windows系统中最基本的图像格式。BMP格式采用位映射存储格式，包含的图像信息较丰富，几乎不压缩，但由此导致它与生俱来的缺点：占用磁盘空间过大。BMP格式可以分成两大类：设备相关位图（DDB）和设备无关位图（DIB），使用非常广泛。BMP文件的图像深度可选1位、4位、8位及24位。以BMP格式存储数据时，图像是按从左到右、从下到上的顺序扫描的。由于BMP格式是Windows环境下图像数据交换的一种标准格式，因此在Windows环境中运行的图形图像软件都支持BMP图像格式。

- **GIF格式**

GIF是一种基于LZW算法的连续色调的无损压缩格式，其压缩率一般在50%左右。目前几乎所有相关软件都支持它，公共领域有大量的软件在使用GIF图像文件。GIF格式的文件较小，常用于网络传输。GIF格式与JPEG格式相比，其优点在于GIF格式的文件支持动画效果。

● **TIF格式**

TIF格式的图像存储内容多，占用存储空间大，其大小是相应的GIF图像的3倍，是JPEG图像的10倍。TIF格式独立于操作系统，最早流行于Macintosh，后来基于Windows平台的图像应用程序都支持此格式。

3. 音频压缩编码的格式

会声会影2018支持的音频格式有Dolby Digital Stereo、Dolby Digital 5.1、MP3、MPA、WAV、QuickTime、Windows Media Audio。下面介绍几种常用的音频格式。

● **MP3**

MP3是一种采用音频压缩技术的文件格式，用来大幅度地降低音频数据量。其利用MPEG Audio Layer 3技术，将音乐以1：10甚至1：12的压缩率压缩成容量较小的文件，而对于大多数用户来说重放的音质与最初未压缩的音频相比没有明显的下降。

● **WAV**

WAV符合RIFF文件规范，用于保存Windows平台的音频信息资源，被Windows平台及其应用程序所广泛支持。常见的WAV文件使用PCM无压缩编码方式，这使WAV文件的质量极高，体积也非常大。WAV格式支持许多压缩算法，支持多种音频位数、采样频率和声道，一般采用44.1kHz的采样频率、16位量化位数，因此WAV的音质与CD相差无几，但WAV格式的文件存储空间需求太大，不便于交流和传播。

● **Dolby Digital AC-3**

Dolby Digital AC-3是一种全数字化分隔式多通道影片声迹系统，也是一种新式的环绕声制。该声制为了减少声音所占用的储存空间，一般会将人耳听不到的部分声音删除。这种破坏性压缩使声音或音质在一定程度上受到了损坏。但是为了满足在电影胶片上的应用，目前电影或DVD影碟大都使用Dolby Digital音效。

● **MP3 Pro**

MP3 Pro格式是由瑞典Coding科技公司开发的，其中包含了两大技术：一是Coding科技公司所特有的解码技术，二是由MP3专利持有者——法国Thomson多媒体公司和德国Fraunhofe Gesellschaft（弗劳恩霍夫应用研究促进协会）共同研究的一项译码技术。MP3 Pro可以在基本不改变文件大小的情况下改善MP3音质，它在使用较低的压缩率压缩音频文件的情况下，最大限度地保持压缩前的音质。

MP3 Pro格式和MP3是兼容的，所以它的文件类型也是MP3。MP3 Pro播放器可以播放MP3 Pro或者MP3编码的文件；普通的MP3播放器也可以播放MP3 Pro编码的文件，但只能播放出MP3的音量。虽然MP3 Pro是一种优秀的技术，但是由于技术专利费用的问题及其他技术提供商（如微软公司）的竞争，MP3 Pro没有得到广泛应用。

● **Real Audio格式**

Real Audio是由Real Networks公司推出的一种音频文件格式，主要适用于网络在线播放。Real Audio格式最大的特点是可以实时传输音频信息，即使在网速比较慢的情况下，仍然可以较为流畅地传送数据。

● **AIFF格式**

AIFF是苹果计算机上标准的音频格式，属于QucikTime技术的一部分。这种格式的特点就是格式本身与数据的意义无关，因此受到了微软公司的青睐，并据此制作出WAV格式。AIFF虽然是一种很优秀的文件格式，但由于它是苹果计算机上的格式，因此在Windws平台上并没有流行。不过，由于苹果计算机多用于多媒体制作、出版行业，因此几乎所有的音频编辑软件和播放软件都支持AIFF格式。AIFF格式的包容特性，它支持许多压缩格式。

1.2 数字视频编辑基础

视频后期编辑可分为线性编辑和非线性编辑两

类，下面进行简单的介绍。

1.2.1 线性编辑

编辑机通常由一台放像机和一台录像机组成，通过放像机选择一段合适的素材并播放，由录像机记录有关内容，然后使用特技机、调音台和字幕机来完成相应的特技、配音和字幕叠加，最终合成影片。由于这种编辑方式的存储介质通常是磁带，记录的视频信息与接收的信号在时间轴上的顺序紧密相关，所以被看成一条完整的直线，这也就是为什么叫线性编辑的原因。如果要在已完成的磁迹中插入或删除一个镜头，那该镜头之后的内容就必须全部重新录制一遍。线性编辑的缺点显而易见，而且需要辅以大量专业设备，操作流程复杂，投资大，对于普通家庭来说是难以承受的。

1.2.2 非线性编辑

非线性编辑是通过一块非线性编辑卡，将视音频信号源，如电视机、摄像机、录像机等输出的模拟信号转换成数字信号（视频文件）并存储于硬盘或光盘中，再使用编辑软件进一步处理。因为数字化的硬盘、光盘记录信息的方式都是非线性的（可理解为由许多线段链接而成），非线性编辑又是基于文件的操作，所以在非线系统内部是在时间轴上进行文件的编辑，只要没有最后生成影片，对这些文件在时间轴上的位置和长度的修改都是随意的，不再受存储顺序的限制。

？ 技巧与提示

会声会影2018是一款非线性编辑软件，正是由于这种非线性的特性，视频编辑不再依赖编辑机、字幕机和特效机等价格非常昂贵的硬件设备，让普通家庭用户也可以轻而易举地体验到视频编辑的乐趣。会声会影的非线性编辑主要是借助计算机来进行数字化制作。它突破了单一的时间顺序编辑限制，可以按各种顺序排列影片素材，具有快捷、简便、随意的特性。

1.3 安装与卸载会声会影 2018

使用会声会影2018软件前，需要先安装，可以根据需要对软件在计算机中的安装位置等选项进行选择。在系统中安装软件以后，在使用过程中难免会因为某些原因，程序无法正常工作，这时最好的办法就是卸载程序，重新安装。

1.3.1 了解软件所需的系统配置

视频软件需要占用较多的计算机资源，因此用户在选用视频编辑系统时，要考虑的因素主要包括硬盘的空间和速度、内存和处理器。这些因素决定了保存视频的容量、处理和渲染文件的速度。安装会声会影2018之前，应确保系统满足表1-1所示的配置要求，以保证正常使用和获得最佳性能。

表 1-1

硬件	配置要求
操作系统	Windows 10、Windows 8、Windows 7，高度推荐使用64位操作系统；不支持Windows Vista、Windows XP
处理器	英特尔酷睿i3或AMD A4 3.0 GHz或者更高，AVCHD和英特尔快速同步视频支持需要英特尔酷睿i5或i7 1.06GHz或更高，UHD、多摄像机或360°视角视频需要英特尔酷睿i7或AMD速龙A10以上
内存	UHD、多摄像机或360°视频需要4GB的内存，推荐使用8GB以上内存
硬盘	完整安装至少需要8GB的安装空间，推荐使用固态硬盘
显卡	至少256MB显存，硬件解码加速推荐使用512MB及以上显存
分辨率	不小于1024像素×768像素的屏幕分辨率

1.3.2 安装会声会影2018

启动会声会影2018安装程序，进入"安装向导"界面，根据个人需求在界面中选择安装选项，然后单击"下一步"按钮，如图1-2所示。跳转到下一个界面后，认真阅读用户许可协议，选中"我接受该协议中的条款"复选框后，单击"下一步"按钮，如图1-3所示。

图1-2

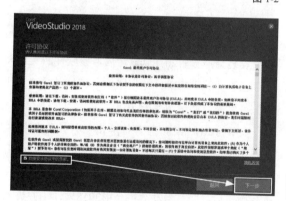

图1-3

进入下一个界面，根据个人情况进行个人信息的填写，填写完毕后，单击"下一步"按钮，如图1-4所示。

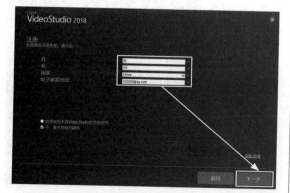

图1-4

此时，进入会声会影2018程序安装文件保存位置和安装位置设置界面，在"下载位置"和"将程序安装到"文本框中分别输入保存位置和要安装的位置，或单击文本框后的"浏览"按钮进行路径查找。需要注意的是，程序根据不同的计算机配置，安装的软件位数也会有所不同。根据实际情况选择完毕后，单击"下载/安装"按钮，如图1-5所示。

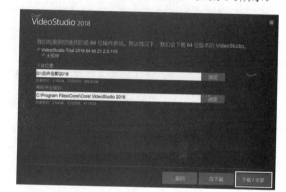

图1-5

此时将开始下载并安装会声会影2018，根据用户的计算机配置和网速的不同，安装所需的时间也会不同，如图1-6所示。安装完成后，单击"完成"按钮，就可以结束会声会影2018程序的安装，并进入欢迎界面，如图1-7所示。

图1-6

图1-7

技巧与提示
在安装会声会影2018之前，需要先检查计算机中是否装有低版本的会声会影程序，如果有，需要将其卸载后再进行安装。

1.3.3 卸载会声会影2018

当用户不需要再使用会声会影2018时，可以将其卸载，以提高计算机运行速度，或腾出磁盘空间放置其他文件。

执行"开始"|"控制面板"命令，打开控制面板，单击"卸载程序"链接，如图1-8所示，弹出"程序和功能"窗口，用鼠标右键单击要卸载的Corel VideoStudio Pro 2018，在弹出的快捷键菜单中选择"卸载/更改"命令，如图1-9所示。

图 1-8

图 1-9

等待几秒，会弹出卸载对话框，单击"删除"按钮，如图1-10所示。之后系统将会提示正在完成配置，删除的进度可能会慢一点，因计算机而异，

耐心等待即可。

图 1-10

1.4 软件的启动

用户可以通过不同的方式来启动会声会影2018软件，本节将具体介绍两种不同的启动方式。

1.4.1 从"开始"菜单启动程序

安装会声会影2018软件之后，该软件的文件夹会存在于计算机的"开始"菜单中，可以通过"开始"菜单来启动会声会影2018。

在Windows桌面左下角单击"开始"按钮，在弹出的菜单中找到会声会影2018文件夹，单击"Corel VideoStudio 2018"命令，如图1-11所示。执行操作后，即可启动会声会影2018软件，并进入软件工作界面。

图 1-11

1.4.2　用VSP文件启动程序

VSP格式是会声会影软件的源文件格式，双击源文件，或者单击鼠标右键，在弹出的快捷菜单中选择"打开"命令，如图1-12所示，可以快速启动会声会影2018软件，并进入软件工作界面。

图 1-12

1.5　软件的退出

在会声会影2018中完成视频编辑后，若用户不再需要该程序，可以采用以下3种方法退出程序。

1.5.1　用"退出"命令退出程序

在会声会影2018中完成视频编辑后，保存项目文件，在菜单栏中执行"文件"|"退出"命令，如图1-13所示，即可退出会声会影2018。

图 1-13

1.5.2　用"关闭"命令退出程序

在会声会影2018工作界面左上角的图标上单击鼠标右键，在弹出的快捷菜单中选择"关闭"命令，如图1-14所示，可以快速退出会声会影2018。

图 1-14

1.5.3　用"关闭"按钮退出程序

用户一般会采用单击"关闭"按钮的方法退出应用程序，因为该方法是最为简单和方便的。

单击会声会影2018应用程序窗口右上角的"关闭"按钮，如图 1-15所示，即可退出会声会影2018应用程序。

图 1-15

1.6　本章小结

通过本章内容的学习，相信读者已对视频编辑的相关知识有了一个初步的认识。熟练掌握这些基础知识，能使我们在之后的视频编辑处理中，避免一些不必要的错误操作，有效地提升工作效率。

第**2**章

软件的基本操作

---------- 内容摘要 ----------

  熟练掌握会声会影2018的基本操作，可以大大提高视频编辑的速度和效率。本章主要介绍会声会影2018的一些基本设置与操作，重点内容包括项目属性的设置、界面布局的基本操作及设置预览窗口显示等。

课堂学习目标

- 认识会声会影2018工作界面
- 设置项目属性
- 掌握视图模式的使用
- 设置预览窗口显示

2.1 会声会影2018工作界面

会声会影2018软件的主界面为"编辑"界面，编辑界面由步骤面板、菜单栏、预览窗口、导览面板、工具栏、时间轴面板、素材库、素材库面板等组成，如图2-1所示。

图 2-1

下面对会声会影2018操作界面上各部分的功能做一个简单介绍，使读者对影片编辑的流程有一个基本认识，具体如表2-1所示。

表 2-1

名称	功能及说明
步骤面板	包括捕获、编辑和共享按钮，这些按钮对应视频编辑中的不同步骤
菜单栏	包括文件、编辑、工具、设置和帮助菜单，这些菜单提供了不同的命令集
预览窗口	显示了当前项目或正在播放的素材的外观
导览面板	提供一些用于回访和精确修正素材的按钮。在"捕获"步骤中，它也可用作DV或HDV摄像机的设备控制
工具栏	包括在两个项目视图（如"故事板视图"和"时间轴视图"）之间进行切换的按钮，以及其他快速设置的按钮
时间轴面板	显示项目中使用的所有素材、标题和效果
素材库	存储和组织所有媒体素材，包括视频素材、照片、转场、标题、滤镜、路径、色彩素材和音频文件
素材库面板	根据媒体类型过滤素材库，包括媒体、转场、标题、图形、滤镜和路径

2.1.1 菜单栏

会声会影2018的菜单栏位于工作界面的顶端，包括"文件""编辑""工具""设置""帮助"5个菜单，如图2-2所示。

图 2-2

1. "文件"菜单

在"文件"菜单中可以进行新建项目、打开项目、保存、另存、导出为模板、成批转换及退出等常规操作，如图2-3所示。

图 2-3

- 新建项目：新建一个普通项目文件。
- 新建HTML 5项目：新建一个HTML 5格式的项目文件。
- 打开项目：打开一个项目文件。
- 保存：保存项目文件。
- 另存为：将当前项目文件夹另存为一个项目文件。
- 导出为模板：将现有项目文件导出为模板，方便以后重复使用。
- 智能包：将现有项目文件进行智能打包操作，还可以根据需要对智能包进行加密。
- 成批转换：成批转换项目文件格式，包括AVI格式、MPEG格式、MOV格式及MP4格式等。
- 保存修整后的视频：将修整或剪辑后的视频文件保存到媒体素材库中。
- 重新链接：当素材源文件更改位置或名称后，用户可以通过"重新链接"功能重新链接修改后的素材文件。
- 修复DVB-T视频：修改视频素材。
- 将媒体文件插入到时间轴：将视频、照片、音频等素材插入时间轴。
- 将媒体文件插入到素材库：将视频、照片、音频等素材插入素材库。
- 退出：退出会声会影2018。

2. "编辑"菜单

在"编辑"菜单中可以进行撤销、删除、复制属性、粘贴、运动追踪、自定义动作路径、抓拍快照、自动摇动和缩放以及多重修整视频等操作，如图2-4所示。

图 2-4

- 撤销：撤销做错的视频编辑操作。
- 重复：恢复被撤销的视频编辑操作。
- 删除：删除视频、照片或音频素材。
- 复制：复制视频、照片或音频素材。
- 复制属性：复制视频、照片或音频素材的属性，包括覆叠选项、色彩校正、滤镜特效、旋转、大小、方向、样式及变形等。
- 粘贴：对复制的素材进行粘贴操作。
- 粘贴所有属性：粘贴复制的所有素材属性。
- 粘贴可选属性：粘贴部分素材属性。
- 运动追踪：在视频中运用动态追踪功能，可以动态跟踪视频中某一个对象，形成一条路径。
- 匹配动作：当用户为视频设置动态追踪后，使用"匹配动作"功能可以设置动态追踪的属性，包括对象的偏移、透明度、阴影及边框都可以进行设置。
- 自定义动作：为视频自定义运动路径。
- 删除动作：删除视频中已经添加的运动追踪视频特效。
- 更改照片/色彩区间：更改照片或色彩素材的持续时间长度。
- 抓拍快照：在视频中抓拍某一个动态画面的静帧素材。
- 自动摇动和缩放：为照片素材添加摇动和缩放运动特效。
- 多重修整视频：多重修整视频素材的长度，以及对视频片段进行相应剪辑操作。
- 分割素材：对视频、照片及音频素材的片段进行分割操作。
- 按场景分割：按照视频画面的多个场景将视频素材分割为多个小节。
- 分割音频：将视频文件中的背景音乐单独分割出来，使其在时间轴面板中成为单个文件。
- 速度/时间流逝：设置视频的速度。
- 变速：更改视频画面为快动作播放或慢动作播放。
- 停帧：可以在视频画面中冻结指定的帧图像，

并在视频中的开始位置自动生成一个BMP格式的帧图像。

3. "工具"菜单

在"工具"菜单中可以进行运动追踪、DV转DVD、创建光盘、从光盘镜像刻录ISO文件等操作，如图 2-5所示。

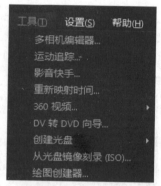

图 2-5

- 多相机编辑器：使用从不同相机、不同角度捕获的事件镜头创建外观专业的视频编辑器。通过简单的多视图工作区，可以在播放视频素材的同时进行动态编辑。
- 运动追踪：在视频中运用运动追踪功能，可以动态跟踪视频中的某一个对象，形成一条路径。
- 影音快手：可以使用软件自带的模板快速制作影片画面。
- 重新映射时间：通过播放速度控制器，协助用户增加慢/快动作特效、动作停帧或倒带重播视频片段特效。
- 360视频：可以将全景视频转化为普通视频，也可以将普通视频转化为360°全景视频。
- DV转DVD向导：用来捕获DV中的视频素材。
- 创建光盘：子菜单中包括多种光盘类型，如DVD光盘、AVCHD光盘及蓝光光盘等，选择相应的命令可以将视频刻录为相应的光盘。
- 从光盘镜像刻录（ISO）：将视频文件刻录为ISO格式的镜像文件。
- 绘图创建器：在绘图创建器中，用户可以使用画笔工具绘制各种不同的图形对象。

4. "设置"菜单

在"设置"菜单中可以进行参数选择、影片模板管理、轨道管理、章节点管理和提示点管理等操作，如图 2-6所示。

图 2-6

- 参数选择：可以设置项目文件的各种参数，包括项目参数、回放属性、预览窗口颜色、撤销级别、图像采集属性及捕获参数等。
- 项目属性：用来查看当前项目文件的各种属性，包括时长、帧速率及视频尺寸等。
- 智能代理管理器：可以对项目文件进行智能代理操作，在"参数选择"对话框的"性能"选项卡中，可以设置智能代理属性。
- 素材库管理器：可以更好地管理素材库中的文件，用户可以将文件导入库或者导出库。
- 影片配置文件管理器：可以制作出不同的视频格式，在"输出"选项面板中选择相应的视频输出格式，也可以选择"自定"选项，然后在下方的列表框中选择用户需要创建的视频格式即可。
- 轨道管理器：可以管理轨道中的素材文件。
- 章节点管理器：可以管理素材中的章节点。
- 提示点管理器：可以管理素材中的提示点。
- 布局设置：用来更改会声会影工作界面的布局样式。
- 显示语言：用来设置会声会影工作界面的语言。

5. "帮助"菜单

在"帮助"菜单中可以查看软件的相关帮助信

息，如帮助主题、用户指南、新功能及版本信息等内容，如图2-7所示。

图 2-7

- 帮助主题：在相应网页中可以查看会声会影2018的主题资料，也可以搜索需要的软件信息。
- 用户指南：在相应的网页中可以查看会声会影2018的使用指南等信息。
- 视频教程：可以查看软件视频教学资料。
- 新功能：可以查看软件的新增功能信息。
- 入门：该子菜单中提供了多个学习软件的入门知识，用户可根据实际需求进行选择和学习。
- Corel支持：可以获得Corel软件的支援和帮助。
- 购买Blu-ray光盘制作：在打开的网页中，可以购买蓝光光盘的制作权限。
- 检查更新：在打开的网页中，可以检查软件是否需要更新。

2.1.2 步骤面板

会声会影2018将影片制作过程简化为3个步骤：捕获、编辑、共享，如图2-8所示。

图 2-8

- 捕获：媒体素材可以直接在"捕获"步骤中录制或导入计算机的硬盘中。
- 编辑："编辑"步骤和时间轴是会声会影的核

心，可以通过它们排列、编辑、修正视频素材并为其添加效果。

- 共享：可以将完成的影片导出到磁盘或DVD等。

2.1.3 预览窗口

预览窗口位于工作界面的左上方，可以显示当前的项目、素材、视频滤镜、效果或标题等，也就是说，对视频进行的各种设置基本都可以在此显示出来，而且有些视频内容需要再次进行编辑，如图2-9所示。

图 2-9

2.1.4 导览面板

导览面板位于预览窗口下方，主要用于控制预览窗口中显示的内容，运用该面板可以浏览所选的素材，进行精确的编辑或修整操作。导览面板上有一排播放控制按钮和功能按钮，用于预览和编辑项目中使用的素材，如图2-10所示。

图 2-10

- 播放▶：播放、暂停或恢复当前项目或所选素材。
- 起始◀：返回起始片段或提示。
- 上一帧◀▮：移动到上一帧。
- 下一帧▮▶：移动到下一帧。
- 结束▶▮：移动到结束片段或提示。
- 重复⟳：循环回放。
- 系统音量◀）：可以通过拖曳滑动条调整计算机

扬声器的音量。

- 时间码 `00:00:00:000`：通过指定确切的时间码，可以直接跳到项目或所选素材的某个部分。
- 扩大预览窗口 ：增大预览窗口的大小。
- 分割素材 ：分割所选素材。将擦洗器放在想要分割素材的位置，然后单击此按钮。
- 开始标记 ：在项目中设置预览范围或设置素材修正的开始点。
- 结束标记 ：在项目中设置预览范围或设置素材修正的结束点。
- 擦洗器 ：可以在项目或素材之间拖曳。
- 修整标记 ：可以拖曳设置项目的预览范围或修正素材。
- 高清模式 ：提升预览效果画质。
- 切换器 ：切换到项目或者所选素材。

2.1.5　选项面板

会声会影2018的选项面板中包含了控件、按钮和其他信息，可用于自定义所选素材的设置，该面板中的内容将根据步骤面板的不同而有所不同。

2.1.6　素材库

会声会影2018的素材库总共有7种，分别是："媒体"素材库、"即时项目"素材库、"转场"素材库、"标题"素材库、"图形"素材库、"滤镜"素材库和"路径"素材库，如图2-11所示。各类素材库存放着不同的素材，只需单击相应素材库的按钮，就能够自由切换素材库，并且能够直接从中选择并利用素材，非常方便。

"媒体"素材库 ——
"即时项目"素材库 ——
"转场"素材库 ——
"标题"素材库 ——
"图形"素材库 ——
"滤镜"素材库 ——
"路径"素材库 ——

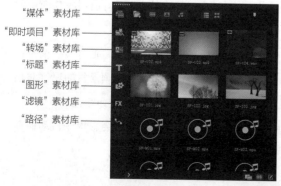

图 2-11

- "媒体"素材库 ：该素材库中存放着需要用到的视频或照片等形式的素材，并且能够对素材进行分类。
- "即时项目"素材库 ：该素材库中主要存放着一些已经做好的模板，便于多次使用。
- "转场"素材库 ：该素材库中存放着所有的转场特效，能够直接选材并利用。
- "标题"素材库 ：该素材库中存放着所有的标题特效及特效文字模板，可以直接使用。
- "图形"素材库 ：该素材库中的素材大部分用于装饰视频，大多为小部件或者背景板。
- "滤镜"素材库 ：该素材库中存放着所有的滤镜效果，滤镜效果能够美化视频。
- "路径"素材库 ：该素材库中存放着动作效果，动作效果能够让静态图片运动起来。

2.1.7　时间轴面板

会声会影2018的时间轴面板中可以准确地显示出事件发生的时间和位置，还可以粗略浏览不同媒体素材的内容，如图 2-12所示。时间轴面板允许用户微调效果，以精确到帧的精度来修改和编辑视频。

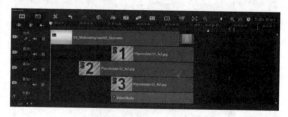

图 2-12

- 故事板视图 ：按时间顺序显示媒体缩略图。
- 时间轴视图 ：可以在不同的轨道中对素材执行精确到帧的编辑操作。
- 撤销 ：撤销上一步动作。
- 重复 ：重复上一步撤销的动作。
- 录制/捕获选项 ：显示"录制/捕获选项"面板，可在同一位置执行捕获视频、导入文件、录制画外音和抓拍快照等所有操作。
- 混音器 ：启动"环绕混音"和多音轨的"音

频时间轴"，自定义音频设置。

- 自动音乐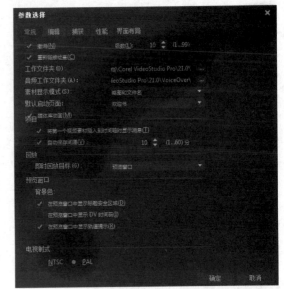：添加背景音乐，智能收尾。

- 运动追踪：瞄准并跟踪屏幕上移动的物体，然后将其连接到文本和图形等元素。

- 字母编辑器：可使添加的文本与视频中的音频同步。

- 缩放控件：使用缩放滑动条和按钮可以调整时间轴的视图。

- 将项目调到时间轴窗口大小：将项目视图调到适合于整个时间轴跨度。

- 项目区间：显示项目区间。

2.2 项目属性的设置

在进行视频编辑处理时，如果希望按照自己的操作习惯来编辑视频，以提高操作效率，可以对一些参数进行设置。执行"设置"|"参数选择"命令，如图 2-13所示。在弹出的"参数选择"对话框中，可以对参数进行设置。

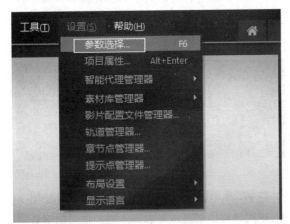

图 2-13

2.2.1 设置常规属性

"常规"选项卡如图 2-14所示，其中的参数用于设置软件的一些基本属性。

图 2-14

- 撤销：选中该复选框可以撤销所执行的操作步骤。通过设置"级数"值可确定撤销步数，该数值框可设置的参数范围为0～99。

- 重新链接检查：可以自动检查项目中的素材与其来源文件之间的关联。如果来源文件存放的位置被改变，则会弹出信息提示对话框，通过该对话框，用户可以将来源文件重新链接到素材。

- 工作文件夹：设置程序中一些临时文件的保存位置。

- 音频工作文件夹：设置程序中一些临时音频文件的保存位置。

- 素材显示模式：设置时间轴上素材的显示模式。

- 默认启动页面：设置软件启动后显示的界面。

- 媒体库动画：选中该复选框可启用媒体库中的媒体动画。

- 将第一个视频素材插入到时间轴时显示消息：会声会影在检测到插入的视频素材的属性与当前项目的设置不匹配时显示提示信息。

- 自动保存间隔：自定义会声会影程序自动保存

项目文件的时间间隔，这样可以最大限度地减少不正常退出时的损失。

- 即时回放目标：设置回放项目的目标设备。提供了3个选项，用户可以同时在预览窗口和外部显示设备上进行项目的回放。

- 背景色：设置预览窗口的背景色。单击右侧的黑色色块，弹出颜色选项板，选中相应颜色，即可完成会声会影预览窗口背景色的设置。

- 在预览窗口中显示标题安全区域：选中此复选框，在创建标题时，预览窗口中会显示标题安全框，只要文字位于此矩形框内，标题就可以完全显示出来。

- 在预览窗口中显示DV时间码：选中此复选框，DV视频回放时，可预览窗口上的时间码。这就要求计算机的显卡必须兼容VMR（视频混合渲染器）。

- 在预览窗口中显示轨道提示：选中此复选框，预览窗口中会显示各素材所在的轨道名称。

- 电视制式：设置视频的广播制式，有NTSC和PAL两个选项，一般选择PAL。

2.2.2 设置编辑属性

在"参数选择"对话框中，切换至"编辑"选项卡，如图2-15所示。

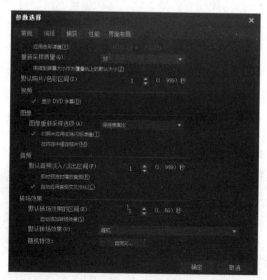

图 2-15

- 应用色彩滤镜：选择调色板的色彩空间，包含NTSC和PAL两种选项，一般默认选择PAL选项。

- 重新采样质量：指定会声会影中的所有效果和素材的质量。一般使用较低的采样质量（如"较好"）来获取最有效的编辑性能。

- 用调到屏幕大小作为覆叠轨上的默认大小：选中该复选框，插入覆叠轨的素材默认大小设置为适合屏幕的大小。

- 默认照片/色彩区间：设置添加到项目中的图像素材和色彩的默认长度，区间的时间单位为秒。

- 显示DVD字幕：设置是否显示DVD字幕。

- 图像重新采样选项：选择一种图像重新采样的方法，即在预览窗口中显示的方法。

- 对照片应用去除闪烁滤镜：选中该复选框，可减少在使用电视查看图像素材时所发生的闪烁。

- 在内存中缓存照片：选中该复选框，允许用户使用缓存处理较大的图像文件，以便更有效地进行编辑。

- 默认音频淡入/淡出区间：为添加的音频素材的淡入和淡出指定默认的区间。

- 即时预览时播放音频：选中该复选框，在时间轴内拖曳音频文件的飞梭栏，即可预览音频。

- 自动应用音频交叉淡化：选中该复选框，允许用户使用两个重叠视频，对视频中的音频文件应用交叉淡化。

- 默认转场效果的区间：指定应用于视频项目中所有转场效果的区间，单位为秒。

- 自动添加转场效果：选中该复选框后，当项目文件中的素材超过两个时，程序将自动为其应用转场效果。

- 默认转场效果：用于设置默认的自动转场效果。

- 随机特效：用于设置随机转场的特效。

2.2.3 设置捕获属性

在"参数选择"对话框中，切换至"捕获"选项卡，如图 2-16所示。

图 2-16

- 按<确定>开始捕获：选中该复选框，在捕获视频时，需要在弹出的提示对话框中单击"确定"按钮才开始捕获视频。
- 从CD直接录制：选中该复选框，可以直接从CD播放器上录制音频文件。
- 捕获格式：指定捕获的静态图像文件格式，有BITMAP、JPEG两种格式。
- 捕获质量：该参数用于控制捕获的画面效果，数值越大质量越好，最大值为100。
- 捕获去除交织：选中该复选框，在捕获图像时保持连续的图像分辨率，而不是交织图像的渐进图像分辨率。
- 捕获结束后停止DV磁带：DV摄像机在视频捕获过程完成后，自动停止磁带的回放。
- 显示丢弃帧的信息：选中该复选框，可以在捕获视频时，显示在视频捕获期间共丢弃多少帧。
- 开始捕获前显示恢复DVB-T视频警告：选中该复选框，可以显示恢复DVB-T视频警告，以便捕获流畅的视频素材。
- 在捕获过程中总是显示导入设置：选中该复选框，用户在捕获视频的过程中，总是会显示相关的导入设置。

2.2.4 设置性能属性

在"参数选择"对话框中，切换至"性能"选项卡，如图 2-17所示。

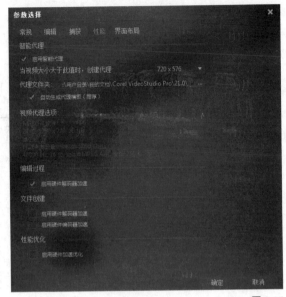

图 2-17

- 启用智能代理：选中该复选框后，通过创建智能代理，用创建的低解析度视频替代原来的高解析度视频进行编辑。低解析度视频会比原高解析度视频模糊。
- 自动生成代理模板：选中"启用智能代理"复选框后才能选中该复选框。选中该复选框，软件将自动生成代理模板，推荐选中。
- 启用硬件解码器加速（编辑过程）：选中该复选框，在启动会声会影2018时，启动速度更快。
- 启用硬件解码器加速（文件创建）：通过使用计算机硬件的视频图形加速技术增强编辑性能并改善素材和项目回放。
- 启用硬件编码器加速：选中该复选框，能够缩短制作影片所需的渲染时间。
- 启用硬件加速优化：选中该复选框，将优化启用的解码器和编码器。

2.2.5 设置布局属性

在"参数选择"对话框中，切换至"界面布局"选项卡，在其中可以设置会声会影2018工作界面的布局属性，如图 2-18所示。

图 2-18

2.2.6 设置项目文件属性

项目属性可用作预览影片项目的模板。"设置"菜单中有一个"项目属性"命令,执行该命令,将弹出"项目属性"对话框,其中的项目设置确定了项目在屏幕上预览时的外观和质量。项目属性设置包括项目文件信息、项目模板属性、文件格式、自定义压缩率、视频设置及音频等,如图 2-19 所示。

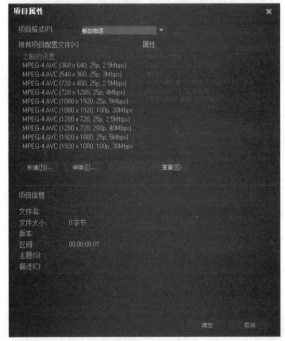

图 2-19

- 项目格式:选择需要新建、删除或者编辑的项目格式。
- 新建:单击该按钮,可新建一种项目格式,可以自定义项目格式的属性。

- 编辑:单击该按钮,可修改现有的项目格式属性。
- 删除:单击该按钮,可删除一种已有的项目格式。
- 重置:单击该按钮,可还原至软件自带的项目格式,将会清除自定义的文件格式。
- 项目信息:给项目格式添加详细的描述。

2.3 界面布局的基本操作

本节将介绍会声会影2018界面布局的一些基本操作。

2.3.1 调整视图模式

会声会影2018提供了3种可选择的视频编辑视图模式,分别为故事板视图、时间轴视图和混音器视图,每个视图模式都有其特点和应用场合。在进行相关编辑时,可以根据实际情况选择对应的视图模式。

1. 故事板视图

故事板视图模式是一种简单明了的编辑模式,用户只需从素材库中直接用鼠标将素材拖曳至视频轨中即可。在该视图模式中,每一张缩略图代表了一张图片、一段视频或一个转场效果,图片下方的数字表示该素材区间。

使用故事板视图模式编辑视频时,用户只需选择相应的视频文件,在预览窗口中进行编辑,从而轻松实现对视频的编辑操作。用户还可以在故事板视图中用鼠标拖曳缩略图,改变其顺序,从而调整视频项目的播放顺序。

在会声会影2018编辑器中,单击工具栏中的"故事板视图"按钮 ,即可将视图模式切换至故事板视图,如图 2-20 所示。

图 2-20

2. 时间轴视图

单击工具栏中的"时间轴视图"按钮 ▦，即可将视图模式切换至时间轴视图。在时间轴视图模式下，用户不仅可以对标题、字幕、音频等素材进行自由编辑，还可以"帧"为时间单位对素材进行精确的调整，因此时间轴视图模式是用户精确编辑视频的最佳选择。

在时间轴视图模式下，单击"显示全部可视化轨道"按钮 ▦，轨道将会全部显示出来，如图2-21所示。

图 2-21

单击时间轴右边的"将项目调到时间轴窗口大小"按钮 ▣，可将素材图片区间调整至时间轴面板大小，如图2-22所示。

图 2-22

3. 混音器视图

单击工具栏中的"混音器"按钮 ▦，即可切换至混音器视图模式，如图2-23所示。在混音器视图模式下，可以调整项目的语音轨和音乐轨中素材的音量大小，以及调整素材中特定位置的音量，还可以为音频素材设置淡入/淡出、长回音、放大、嘶声降低等特效。

图 2-23

选择音乐轨中的音频素材，在音量线上单击，可创建一个关键帧，如图2-24所示。创建4个关键帧，并将其位置调整为上—下—下—上，即可制造出淡入/淡出的效果，如图2-25所示。

图 2-24　　　　　　　　　　图 2-25

2.3.2 更改软件默认布局

在使用会声会影2018进行视频编辑时，可以根据操作习惯随意调整界面布局，如将面板放大、嵌入其他位置以及设置成浮动状态等。下面介绍更改界面布局的3种不同方法。

1. 调整面板大小

在会声会影2018工作界面中，移动鼠标指针至预览窗口、素材库或时间轴面板的边界线上，如图2-26所示，待鼠标指针变为 ⬍ 状，按住鼠标左键并拖曳，可将选择的面板随意放大、缩小，如图 2-27所示，以便获得更多的操作空间和预览空间。

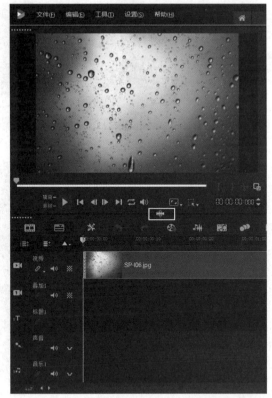

图 2-26

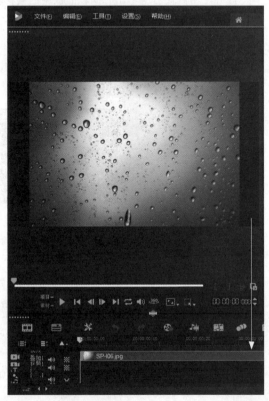

图 2-27

2. 改变面板位置

使用会声会影2018编辑视频时，如果用户不习惯默认状态下面板的位置，可以拖曳面板将其嵌入所需位置。将鼠标指针移至预览窗口、素材库或时间轴面板左上角的位置，如图 2-28所示。按住鼠标左键将面板拖曳至另一个面板旁边，面板四周会出现4个箭头，将所拖曳的面板靠近箭头，然后释放鼠标左键，即可将面板嵌入新的位置，如图 2-29所示。

图 2-28

图 2-29

3. 浮动面板

使用会声会影2018进行编辑的过程中，如果用户只需使用时间轴面板和预览窗口，可以将素材库设置成浮动状态，并将其移动到屏幕边缘，需使用时可将面板拖曳进来。使用该功能，还可以实现双显示器显示，用户可以将时间轴面板和素材库放在一个屏幕上，而在另一个屏幕上进行高质量的播放预览。

双击预览窗口、素材库或时间轴面板左上角的 ▦▦▦▦▦▦▦ 位置，即可将对应的面板设置成浮动状态，如图2-30所示。使用鼠标拖曳面板可以调整面板的位置，双击悬浮面板左上角的  位置，可以让处于浮动状态的面板恢复到原处。

图 2-30

2.3.3 保存与切换界面布局样式

在会声会影2018中，执行"设置"|"布局设置"|"保存至"|"自定义#1/2/3"命令，可以将更改的界面布局样式保存为自定义界面，并在之后的视频编辑中，根据操作习惯方便地切换界面布局。

当用户保存更改后的界面布局样式后，按Alt+1组合键，可以快速切换至"自定义#1"布局样式；按Alt+2组合键，可以快速切换至"自定义#2"布局样式；按Alt+3组合键，可以快速切换至"自定义#3"布局样式。执行"设置"|"布局设置"|"切换到"|"默认"命令，或按F7键，可以快速恢复至软件默认的界面布局样式。

2.3.4 显示与隐藏网格线

在进行项目的编辑和操作时，使用网格线对于对称地布置图像或其他对象非常有用。

在时间轴面板中，选择需要显示网格线的素材文件，单击面板右上方的"显示选项面板"按钮 ，打开"选项"面板，单击"效果"选项卡，在其中选中"显示网格线"复选框，即可显示网格线，如图2-31和图2-32所示。取消选择该复选框，即可隐藏网格线。

图 2-31

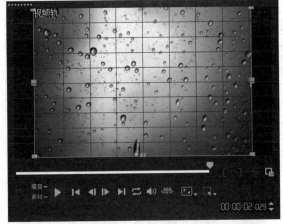

图 2-32

此外，用鼠标右键单击时间轴面板中的素材，在弹出的快捷菜单中选择"打开选项面板"命令，同样可以打开"选项"面板，如图2-33所示。在"效果"选项卡中，单击"网格线选项"按钮 ，将弹出图2-34所示的"网格线选项"对话框。

图 2-33

图 2-34

- 网格大小：拖曳滑块，或在数值框中输入数值，可以设置预览窗口中网格的大小，参数取值范围为5～100。

- 靠近网格：选中该复选框，可以在编辑素材时靠近网格边界。
- 线条类型：该下拉列表框中包含5种不同的网格线型，如单色、虚线、点、虚线-点、虚线-点-点，各种线型的效果如图 2-35所示。

单色

虚线-点

虚线

虚线-点-点

图 2-35（续）

- 线条色彩：单击该色块，在弹出的颜色面板中，可以根据实际需要设置网格线的颜色。

技巧与提示

网格线只会显示在预览窗口中，是对软件界面的一种属性设置，不会保存至项目文件中，也不会被输出至视频文件中。

2.3.5 设置预览窗口显示

在会声会影2018中，用户可以根据自己的操作习惯，随时更改预览窗口的属性，如预览窗口的背景色、标题安全区域及DV时间码等信息。

1. 设置窗口背景色

在视频编辑操作时，如果素材颜色与预览窗口的背景色相近，势必会影响预览效果。将预览窗口背景色设置成与素材对比大的色彩，可以更好地区

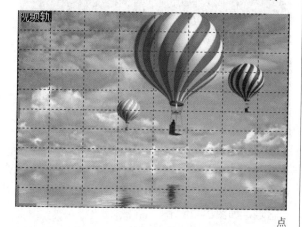

点

图 2-35

分背景与素材的边界。

在会声会影2018中，默认的预览窗口背景色为黑色，如图 2-36所示。执行"设置"|"参数选择"命令，在弹出的"参数选择"对话框中，找到"常规"选项卡中的"背景色"选项，单击右侧的色块，可在弹出的颜色面板中选择颜色，如图2-37所示。

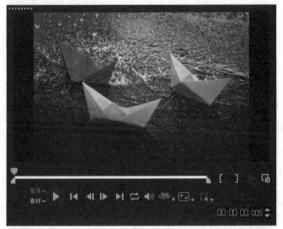

图 2-36

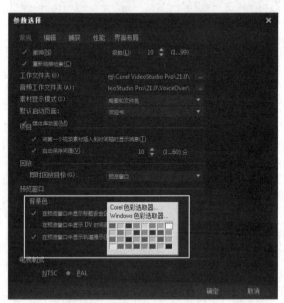

图 2-37

选择颜色后，单击"确定"按钮，即可应用设置的背景色，如图2-38所示。

图 2-38

技巧与提示

在已开始项目编辑的情况下进行上述操作，预览窗口的背景色不会发生改变，此时只需重启会声会影2018即可。

2. 设置标题安全区域

在预览窗口中显示标题的安全区域，可以更好地编辑标题字幕，使字幕能完整地显示在预览窗口之内。

打开一个项目文件，如图 2-39所示。执行"设置"|"参数选择"命令，弹出"参数选择"对话框，在"预览窗口"选项区中选中"在预览窗口中显示标题安全域"复选框，如图2-40所示。

图 2-39

单击"确定"按钮，双击标题轨中的字幕素材，如图2-41所示，即可在预览窗口中显示标题安全区域，如图2-42所示。

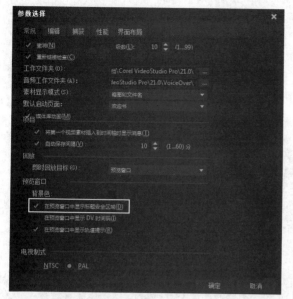

图 2-40

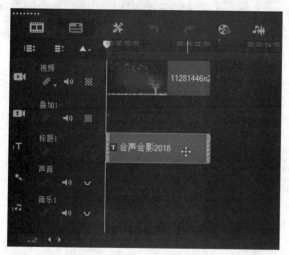

图 2-41

图 2-42

3. 显示DV时间码

执行"设置"|"参数选择"命令,弹出"参数选择"对话框,在"预览窗口"选项区中选中"在预览窗口中显示DV时间码"复选框,如图2-43所示。执行操作后,将弹出信息提示框,如图2-44所示。单击"确定"按钮,返回"参数选择"对话框,单击"确定"按钮,在回放DV视频时即可在预设窗口中显示DV时间码。

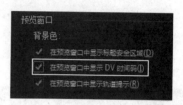

图 2-43

图 2-44

4. 显示轨道提示

用户在轨道面板中编辑视频素材时,可使用轨道提示功能,方便对视频进行编辑操作。

执行"设置"|"参数选择"命令,弹出"参数选择"对话框,在"预览窗口"选项区中选中"在预览窗口中显示轨道提示"复选框,单击"确定"按钮,即可启用轨道提示功能。

2.4 本章小结

本章的学习完成后,相信读者已经掌握了会声会影2018软件的一些常规设置和功能,包括项目属性的设置、视图模式的调整、软件布局的设置,以及预览窗口的显示等。会声会影2018功能强大,在掌握这些基础操作的同时,仍需边学边做并不断探索。在后续的学习中,将搭配相应的案例实操,读者可快速掌握更高级的操作和设置。

第3章

项目文件的编辑

内容摘要

在会声会影2018中，项目文件是指编辑视频时输出和输入的文件，如素材和库文件。为了方便编辑视频，我们可以通过设置参数来设置与编辑项目文件，这样更利于我们编辑视频时的格式统一，增加视频的规整性。本章将介绍如何设置与编辑项目文件。

课堂学习目标

- 掌握项目文件的基本操作
- 打开项目重新链接
- 成批转换视频文件
- 打包项目文件

3.1 项目的基本操作

在会声会影项目文件中可以保存视频素材、图像素材、声音素材以及特效等使用的参数信息，会声会影2018的项目文件格式为VSP。在使用会声会影2018对视频进行编辑时，会涉及一些项目的基本操作，如新建项目、打开项目、保存项目和关闭项目等。本节将主要介绍会声会影2018项目文件的一些基本操作。

3.1.1 新建项目文件

启动会声会影2018时，程序会自动创建一个项目。初次使用会声会影2018，项目将使用默认设置，项目设置决定了在预览项目时的渲染方式。

执行"文件"|"新建项目"命令，或按快捷键Ctrl+N，如图3-1所示，即可新建一个空白项目文件。如果用户正在编辑的视频项目没有进行保存操作，在新建项目的过程中，会弹出保存提示信息框，询问用户是否保存当前编辑的项目文件，如图3-2所示，单击"是"按钮，即可保存当前项目文件；单击"否"按钮，将不保存当前项目文件；单击"取消"按钮，将取消新建项目的操作。

图 3-1

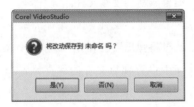

图 3-2

3.1.2 课堂案例——打开项目文件

实例效果	无
素材位置	实例文件\第3章\3.1.2\素材
在线视频	第3章\3.1.2
实用指数	★★★★★
技术掌握	会声会影项目文件的打开方法

本案例主要针对打开项目文件的两种方法进行练习。

1. 通过命令打开项目文件

01 启动会声会影2018软件，执行"文件"|"打开项目"命令，或按快捷键Ctrl+O，如图3-3所示。

图3-3

02 弹出"打开"对话框，在其中找到需要打开的项目文件"炫彩.VSP"，如图3-4所示。

图3-4

03 单击"打开"按钮，即可打开项目文件，在

时间轴面板中可以查看打开的项目文件，如图3-5
所示。

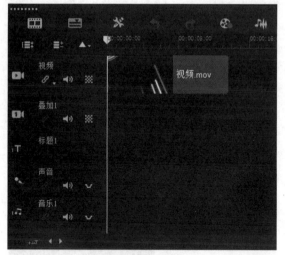

图3-5

(04) 在预览窗口中可以预览视频效果，如图3-6
所示。

图3-6

2. 打开最近使用过的文件

(01) 在会声会影2018中，最近编辑和保存的项目
文件会显示在最近打开的文件列表中。在菜单栏中
单击"文件"菜单，在弹出的菜单下方单击最近使
用过的项目文件，如图3-7所示。

(02) 执行上述操作后，即可打开相应的项目文件，
在预览窗口中可以预览视频画面效果，如图3-8
所示。

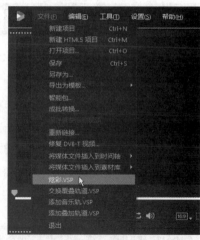

图3-7

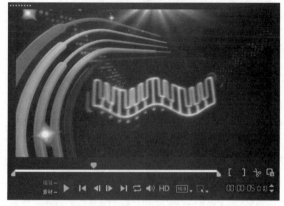

图3-8

3.1.3 保存项目文件

在会声会影2018中完成视频的编辑后，可以将
项目文件保存。保存项目文件是非常重要的一个操
作步骤，保存了项目文件，也就保存了之前对视频
编辑的参数信息。在保存项目文件后，如果用户对
保存的视频有不满意的地方，可以重新打开项目文
件，在其中进行修改，并可以将修改后的项目文件
渲染成新的视频文件。

执行"文件"|"保存"命令，如图3-9所示。
此时将弹出"另存为"对话框，如图3-10所示，在
其中设置项目文件的保存位置和文件名称，单击
"保存"按钮，即可将制作完成的项目文件进行
保存。

图3-9

图3-10

"另存为"对话框中各选项含义如下。

- "保存在"下拉列表框：在该下拉列表框中可以设置项目文件的具体保存位置。
- "文件名"文本框：在该下拉列表框中可以设置项目文件的名称。
- "保存类型"下拉列表框：在该下拉列表框中可以选择项目文件保存的格式。
- "保存"按钮：单击该按钮，可以保存项目文件。

技巧与提示

在会声会影2018中，按快捷键Ctrl+S可以快速保存项目文件。

3.1.4 课堂案例——另存项目文件

实例效果 实例文件\第3章\3.1.4\另存项目文件.VSP

素材位置 实例文件\第3章\3.1.4\素材

在线视频 第3章\3.1.4

实用指数 ★★★★★

技术掌握 会声会影项目文件的另存方法

在保存现有项目文件的过程中，如果用户需要更改项目文件的保存位置，可以对项目文件进行另存操作。

01 在会声会影2018工作界面中，执行"文件"|"打开项目"命令，打开素材文件夹中的"花朵动画.VSP"文件，如图3-11所示。

图3-11

02 将素材文件夹中的"音乐.mp3"素材拖入项目，放置在"音乐1"轨道中，并剪除多余部分，如图3-12所示。

图3-12

03 执行"文件"|"另存为"命令，如图3-13所示。

图3-13

04 弹出"另存为"对话框，在其中设置项目文件的保存位置和文件名称，如图3-14所示。单击"保存"按钮，即可将制作完成的项目文件进行保存。

图3-14

3.1.5 课堂案例——加密打包项目文件

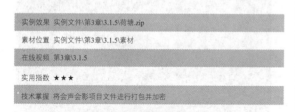

实例效果	实例文件\第3章\3.1.5\荷塘.zip
素材位置	实例文件\第3章\3.1.5\素材
在线视频	第3章\3.1.5
实用指数	★★★
技术掌握	将会声会影项目文件进行打包并加密

在会声会影2018中，用户可以将编辑的项目文件打包为压缩文件，并为文件设置密码，以确保文件的安全性。

01 在会声会影2018工作界面中，执行"文件"|"打开项目"命令，打开素材文件夹中的"荷塘.VSP"文件，如图3-15所示。

02 执行"文件"|"智能包"命令，如图3-16所示。

03 弹出提示信息框，单击"是"按钮，如图3-17所示。

04 弹出"智能包"对话框，选中"压缩文件"单选按钮，如图3-18所示。

图3-15

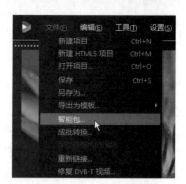

图3-16

图3-17

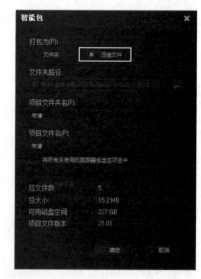

图3-18

"智能包"对话框中各选项含义如下。

● 文件夹：选中该单选按钮，可以将项目文件以文件夹的方式输出。

- 压缩文件：选中该单选按钮，可以将项目文件输出为压缩包。
- 文件夹路径：设置项目文件的输出路径。
- 项目文件夹名：设置项目文件夹的名称。
- 项目文件名：设置项目文件的名称。

05 单击"文件夹路径"文本框右侧的 ▦ 按钮，在弹出的"浏览文件夹"对话框中选择压缩文件的输出位置，如图3-19所示。

图3-19

06 单击"确定"按钮，返回"智能包"对话框，"文件夹路径"文本框中显示出设置的路径。在"项目文件夹名"和"项目文件名"文本框中输入名称，如图3-20所示。

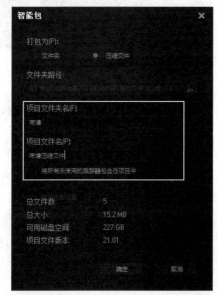

图3-20

07 单击"确定"按钮，弹出"压缩项目包"对话框，选中"加密添加文件"复选框，如图3-21所示。

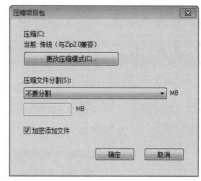

图3-21

08 单击"确定"按钮，弹出"加密"对话框，在其中输入压缩文件密码，如图3-22所示。

图3-22

09 设置完成后，单击"确定"按钮，弹出提示信息框，提示用户项目已经成功压缩，如图3-23所示，单击"确定"按钮即可完成操作。

图 3-23

3.2 链接与修复项目文件

在制作视频的过程中，可能会不小心将项目

文件丢失或损坏，以至于视频效果不佳。会声会影 2018中，用户可以重新链接项目文件，甚至可以修复项目文件。

3.2.1 重新链接丢失的项目素材

在会声会影2018中打开项目文件或在制作过程中，如果视频素材被更改了名称或者存储位置，软件会提示用户重新链接素材，如图 3-24所示。

图 3-24

该对话框中各按钮含义如下。

- "重新链接"按钮：单击该按钮，可以重新链接正确的素材文件。
- "略过"按钮：忽略当前无法链接的素材文件，使素材错误地显示在时间轴面板中。
- "取消"按钮：取消素材的链接操作。

单击"重新链接"按钮，将弹出"替换/重新链接素材"对话框，在其中选择正确的素材文件，如图 3-25所示。单击"打开"按钮，弹出提示信息框，提示用户素材链接成功，如图3-26所示。

图3-25

图3-26

完成上述操作后，时间轴面板中将显示素材的缩略图，表示素材已经链接成功，如图3-27所示。在预览窗口中，可以预览链接成功后的素材画面效果，如图3-28所示。

图3-27

图3-28

3.2.2 课堂案例——修复损坏视频

实例效果	无
素材位置	实例文件\第3章\3.2.2\素材
在线视频	第3章\3.2.2
实用指数	★★★
技术掌握	在会声会影2018中修复损坏的视频素材

在会声会影2018中，用户可以通过软件的修复功能修复已损坏的视频文件。

01 在会声会影2018工作界面中，执行"文件"|"修复DVB-T视频"命令，如图3-29所示。

图3-29

02 弹出"修复DVB-T视频"对话框，如图3-30所示，在其中单击"添加"按钮。

图3-30

03 弹出"打开视频文件"对话框，在其中找到需要修复的视频文件，如图3-31所示。

图3-31

"修复DVB-T视频"对话框中各按钮含义如下。

- "添加"按钮：可以在对话框中添加需要修复的视频素材。
- "删除"按钮：删除对话框中不需要修复的单个视频素材。
- "全部删除"按钮：将对话框中所有的视频素材删除。
- "修复"按钮：对视频进行修复操作。
- "取消"按钮：取消视频的修复操作。

04 单击"打开"按钮，返回"修复DVB-T视频"对话框，其中显示了刚添加的视频文件，如图3-32所示。

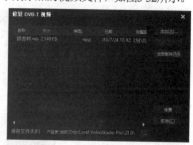

图3-32

05 单击"修复"按钮，即可开始修复视频文件，稍等片刻，弹出"任务报告"对话框，如果是已损坏的视频文件，会提示文件被成功修复，如图 3-33所示。单击"确定"按钮，关闭对话框。

图 3-33

3.2.3 课堂案例——成批转换视频文件格式

实例效果 实例文件\第3章\3.2.3\成批转换视频文件格式
素材位置 实例文件\第3章\3.2.3\素材
在线视频 第3章\3.2.3
实用指数
技术掌握 成批转换视频文件的格式

如果用户对某些视频格式不满意，可通过"成批转换"功能成批转换视频文件的格式，使之符合需求。

01 在会声会影2018工作界面中，执行"文件"|"成批转换"命令，如图3-34所示。

02 弹出"成批转换"对话框，如图3-35所示，在其中单击"添加"按钮。

图3-34

图3-35

03 弹出"打开视频文件"对话框，在其中选择需要转换的视频素材，如图3-36所示。

图3-36

04 单击"打开"按钮，即可将选择的素材添加至"成批转换"对话框中，单击"保存文件夹"文本框右侧的■按钮，在弹出的"浏览文件夹"对话框中可以自行选择保存路径，如图3-37所示。

图3-37

05 选择保存文件路径后，单击"确定"按钮，返回"成批转换"对话框，其中显示了视频文件的转换位置，在"保存类型"下拉列表框中设置视频需要转换的格式，这里选择"MPEG-4文件"，如图3-38所示。

图3-38

06 单击"转换"按钮，即可开始转换，转换完成后，弹出"任务报告"对话框，提示文件转换成功，如图3-39所示。单击"确定"按钮，即可完成批量转换的操作。

图3-39

3.3　轨道的编辑方法

在会声会影2018中，掌握项目轨道的基本操作非常重要，特别是在编辑视频的过程中，经常需要新增轨道、减少轨道以及选择轨道中的对象等。只有熟练掌握这些操作，才能更快、更好地编辑视频。

3.3.1　课堂案例——添加覆叠轨道

实例效果	无
素材位置	实例文件\第3章\3.3.1\素材
在线视频	第3章\3.3.1
实用指数	★★★★★
技术掌握	在时间轴面板添加多条覆叠轨道

在进行视频编辑时，如果要制作视频的画中画效果，就需要增加多条覆叠轨道来制作画面的叠加效果。

01　在会声会影2018工作界面中，执行"文件"|"打开项目"命令，打开素材文件夹中的"添加覆叠轨.VSP"文件，如图3-40所示。

图3-40

02　在时间轴面板中可以看到只有一条覆叠轨道，如图3-41所示。

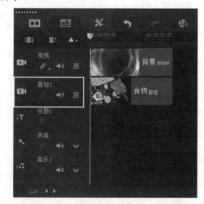

图3-41

03　执行"设置"|"轨道管理器"命令，在弹出的"轨道管理器"对话框中，单击"覆叠轨"下拉列表框右侧的下拉按钮，在弹出的下拉列表中选择3选项，即添加3条轨道，如图3-42所示。

图3-42

04　单击"确定"按钮，返回会声会影2018编辑界面，在时间轴面板中可以看到新增的覆叠轨道，轨道左侧的图标上显示了轨道的序号，如图3-43所示。

图3-43

3.3.2　课堂案例——添加标题轨道

实例效果	无
素材位置	实例文件\第3章\3.3.2\素材
在线视频	第3章\3.3.2
实用指数	★★★★
技术掌握	在时间轴面板添加多条标题轨道

在会声会影2018中，如果一条标题轨道无法满足用户的视频需求，可以在时间轴面板中增加标题轨道。

01 在会声会影2018工作界面中，执行"文件"|"打开项目"命令，打开素材文件夹中的"添加标题轨.VSP"文件，如图3-44所示。

图3-44

02 在时间轴面板中可以看到只有一条标题轨道，如图3-45所示。

图3-45

03 在时间轴面板的轨道图标上单击鼠标右键，在弹出的快捷菜单中选择"轨道管理器"命令，如图3-46所示。

图3-46

04 弹出"轨道管理器"对话框，单击"标题轨"下拉列表框右侧的下拉按钮，在弹出的下拉列表中选择2选项，即添加两条标题轨道，如图3-47所示。

图3-47

05 单击"确定"按钮，返回会声会影2018编辑界面，在时间轴面板中可以看到新增的标题轨道，如图3-48所示。

图 3-48

3.3.3 课堂案例——添加音乐轨道

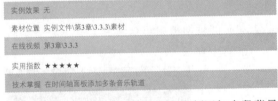

实例效果 无
素材位置 实例文件\第3章\3.3.3\素材
在线视频 第3章\3.3.3
实用指数 ★★★★★
技术掌握 在时间轴面板添加多条音乐轨道

在编辑视频时，如果需要为视频添加多段背景音乐，此时需要新增多条音乐轨道，才能将想要的音乐素材添加至轨道。

01 在会声会影2018工作界面中，执行"文件"|"打开项目"命令，打开素材文件夹中的"添加音乐轨.VSP"文件，如图3-49所示。

02 在时间轴面板中可以看到只有一条音乐轨道，如图3-50所示。

图3-49

图3-50

03 在时间轴面板的空白位置单击鼠标右键，在弹出的快捷菜单中选择"轨道管理器"命令，如图3-51所示。

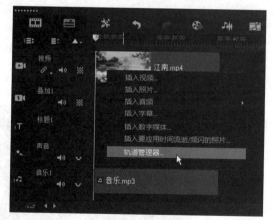

图3-51

04 弹出"轨道管理器"对话框，在"音乐轨"下拉列表框中选择2选项，即添加两条音乐轨道，如图3-52所示。

05 单击"确定"按钮，返回会声会影2018编辑界面，在时间轴面板中可以看到新增的音乐轨道，如图3-53所示。

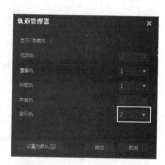

图3-52

图3-53

3.3.4　隐藏或删除轨道

在会声会影2018中，如果用户不需要新增多条轨道，则可以选择将不需要的轨道隐藏或删除。

减少轨道的操作同样是在"轨道管理器"对话框中进行。时间轴面板中存在多条覆叠轨道，如图3-54所示，而用户只需要一条覆叠轨道，则可打开"轨道管理器"对话框，在其中减少"覆叠轨"的数目，如图3-55所示。

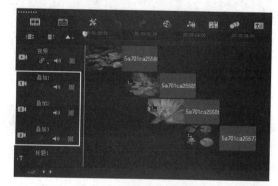

图3-54

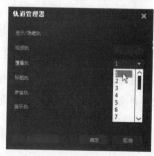

图3-55

单击"确定"按钮，将弹出提示信息框，如图3-56所示。单击"确定"按钮，即可减少时间轴面板中的覆叠轨道，其中的素材也会被同时删除，如图3-57所示。

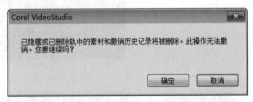

图3-56

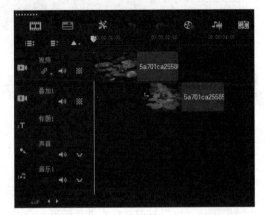

图3-57

技巧与提示

减少其他轨道的操作与上述操作一样，只需在"轨道管理器"对话框中调整相应轨道数量即可。此外，"轨道管理器"对话框中单击"设置为默认"按钮，可以将设置的轨道数量设置成项目文件默认值。

3.3.5 课堂案例——交换覆叠轨道

实例效果 实例文件\第3章\3.3.5\交换覆叠轨道.VSP

素材位置 实例文件\第3章\3.3.5\素材

在线视频 第3章\3.3.5

实用指数 ★★★★

技术掌握 在时间轴面板添加多条音乐轨道

在会声会影2018中制作画中画效果时，如果用户需要将某一个画中画效果移至前面，此时可以通过交换覆叠轨道的操作，快速调整画面叠放顺序。

01 在会声会影2018工作界面中，执行"文件"|"打开项目"命令，打开素材文件夹中的"乐翻天.VSP"文件，如图3-58所示。

图3-58

02 在时间轴面板中，可以查看现有的覆叠素材顺序和摆放位置，如图3-59所示。

图3-59

03 在"叠加2"图标处单击鼠标右键，在弹出的快捷菜单中选择"交换轨"|"覆叠轨#1"命令，如图3-60所示。

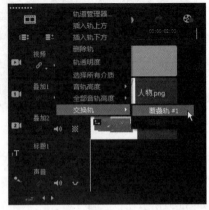

图3-60

04 操作完成后，即可将覆叠轨1和覆叠轨2中的素材内容互换位置，如图3-61所示。

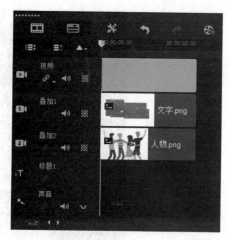

图3-61

05 素材内容互换叠放顺序后的画面效果如图3-62所示。

图 3-62

技巧与提示

当用户新增了多条覆叠轨道时，如果想将其中某一个覆叠轨道中的画面与其他覆叠轨道中的画面交换位置，只需在"交换轨"子菜单中选择相应的轨道名称即可。用户新增了多少条覆叠轨道，"交换轨"子菜单中就会显示多少条覆叠轨道。

3.4 本章小结

在学习制作高质量视频之前，必须将视频制作的基础打牢固，才能让之后的视频编辑工作事半功倍。本章的学习重点是会声会影2018的项目文件基本操作，只有熟练掌握了这部分基础知识，才能高效地对各类文件及素材进行编辑和操作。

3.5 课后习题

3.5.1 统一转换视频格式

实例效果	无
素材位置	课后习题\第3章\3.5.1\素材
在线视频	课后习题\第3章\3.5.1
实用指数	★★★
技术掌握	将MOV视频素材文件统一转换为AVI视频文件

本习题主要练习在会声会影2018中将视频素材转换为其他格式。视频效果如图 3-63所示。

图 3-63

步骤分解如图 3-64所示。

图 3-64

图 3-64（续）

3.5.2 为项目添加素材

实例效果	课后习题\第3章\3.5.2\为项目添加素材.VSP
素材位置	课后习题\第3章\3.5.2\素材
在线视频	第3章\3.5.2
实用指数	★★★★
技术掌握	在项目中添加多条覆叠轨道

本习题主要练习在会声会影2018项目中添加多条覆叠轨并添加相应素材，制作音乐视频。视频效果如图 3-65所示。

图 3-65

步骤分解如图 3-66所示。

图 3-66

第4章

视频模板的应用

───── **内容摘要** ─────

会声会影2018软件之所以易学易用，最重要一点在于软件内部提供了各种预设模板，并且支持外部素材和模板的随时导入使用，即使是非专业用户，也可以轻松制作出精彩的视频作品。本章将介绍如何应用会声会影2018内置的视频模板。

课堂学习目标

- 了解视频模板的调用与下载
- 掌握图像和视频模板的应用
- 掌握影片模板的编辑与装饰处理

4.1 模板的下载与使用

用户在购买并使用会声会影2018的同时，可选择在官方网站提供的资源平台下载各种精美的主题模板，以丰富自己的视频效果。本节将介绍视频模板的下载和使用方法。

4.1.1 下载模板

用户可以在会声会影的官网首页中单击"模板素材"链接，如图4-1所示。跳转到资源下载平台后，选择需要的视频模板进行购买并下载，如图4-2所示。

图4-1

图4-2

购买模板后，单击"立即下载"按钮，会弹出下载页面，显示模板下载进度，如图4-3所示。

4.1.2 使用模板

模板下载完成后，弹出"安装选项对话框"，单击"立即安装"按钮，如图4-4所示。

图4-3

图4-4

执行操作后，弹出相应对话框，显示解压缩文件的进度，如图4-5所示。稍等片刻，进入"许可证协议"页面，选中"我接受该许可证协议中的条款"单选按钮，如图4-6所示。

图4-5

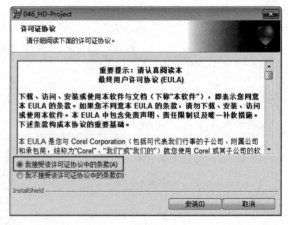

图4-6

单击"安装"按钮，进入"正在安装"页面，显示模板安装进度。稍等片刻，进入安装完成页面，显示相应安装信息，单击"完成"按钮，即可完成"046_HD-Project"模板的安装操作，如图 4-7所示。执行操作后，程序自动打开目标文件夹，在文件夹中双击下载的模板，即可将模板调入会声会影2018中使用。

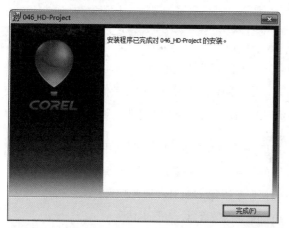

图 4-7

4.2　图像与视频模板的应用

会声会影2018提供了不同类型的主题模板，如图像模板、视频模板、即时项目模板等。用户可以运用这些主题模板将大量生活和旅游照片制作成动态影片。

4.2.1　使用图像模板

在会声会影2018工作界面中，单击"显示照片" 按钮，可打开"照片"素材库，如图 4-8所示。

图 4-8

在"照片"素材库中选择所需要的图像素材，按住鼠标左键并将其拖曳至时间轴面板，释放鼠标左键，即可应用图像模板，如图4-9所示。在预览窗口中，可以预览添加的图像模板效果，如图4-10所示。

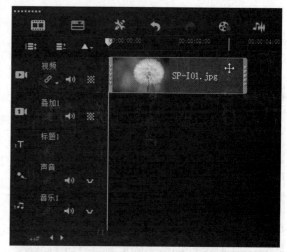

图4-9

图4-10

4.2.2　应用视频模板

会声会影2018提供了各种类型的视频模板，用户可以根据需要选择相应的视频模板类型，将其添加至视频轨中。单击"显示视频"按钮 ，可打开"视频"素材库，如图 4-11所示。

图 4-11

选择一个视频模板，单击鼠标右键，在弹出的快捷菜单中选择"插入到"|"视频轨"命令，如图4-12所示，即可将视频模板添加至时间轴面板的视频轨中，如图4-13所示。

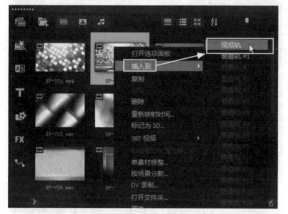

图4-12

图4-13

在预览窗口中，可以预览添加的视频模板效果，如图4-14所示。

图4-14

4.2.3　课堂案例——制作树木动态图

实例效果	实例文件\第4章\4.2.3\制作树木动态图.VSP
素材位置	无
在线视频	第4章\4.2.3
实用指数	★★★
技术掌握	掌握图像模板的使用方法

本案例将应用素材库中的图像模板，并为其添加关键帧，制作动态位移效果。

01 在会声会影2018工作界面中，单击素材库左侧的"媒体"按钮，在素材库顶部单击"显示照片"按钮，打开"照片"素材库，选择"SP-I02.jpg"图像素材，如图4-15所示。

图4-15

02 按住鼠标左键，将素材拖曳至时间轴面板的视频轨道中，如图4-16所示。

图4-16

03 展开选项面板，在"编辑"选项卡中设置"照片区间"数值为20秒，在"重新采样选项"下拉列表框中选择"调到项目大小"选项，如图4-17所示。

图4-17

04 选中"摇动和缩放"单选按钮，然后单击

"自定义"按钮，如图4-18所示。

图4-18

05 弹出"摇动和缩放"对话框，拖曳时间点至中部位置，双击该位置插入一个关键帧，并设置"缩放率"参数为170，如图4-19所示。

图4-19

06 单击起始位置的关键帧，在"位置"选项区中单击右下角的按钮，如图4-20所示，可以看到中心点移动到了右下角。

图4-20

07 选中最后一个关键帧，在该关键帧位置调整"缩放率"参数为193，并在"位置"选项区中单击左上角的按钮，如图4-21所示。

图 4-21

08 设置完成后，单击"确定"按钮返回主界面。单击导览面板中的"播放"按钮，即可预览最终效果，如图4-22所示。

图 4-22

4.3 即时项目模板的应用

会声会影2018提供了不同类型的即时项目模

板。使用这些模板可以有效地简化手动编辑的步骤，用户可根据视频制作需求，选择合适的模板添加至项目中。

4.3.1 "开始"项目模板

用户可将"开始"项目模板添加到视频项目的起始位置，以制作出精美的视频片头。

单击素材库左侧的"即时项目"按钮，打开"即时项目"素材库。单击按钮，展开库导航面板，在面板中选择"开始"选项，即可显示"开始"项目模板素材库，如图4-23所示。

图 4-23

在"开始"项目模板素材库中，右键单击需要添加的模板，在弹出的快捷菜单中选择"在开始处添加"命令，如图4-24所示。

图 4-24

执行上述操作后，即可将选中的"开始"项目模板插入视频轨中的起始位置，如图 4-25所示。

图 4-25

4.3.2 "当中"项目模板

会声会影2018的"当中"项目模板素材库中，每一个模板都提供了不一样的转场及标题效果，用户可根据需要选择不同的模板应用到视频中。

单击素材库左侧的"即时项目"按钮，打开"即时项目"素材库。在库导航面板中选择"当中"选项，即可显示"当中"项目模板素材库，如图 4-26所示。

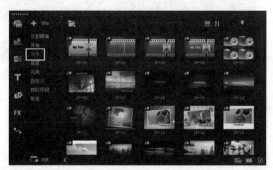

图 4-26

选中任意一个模板，按住鼠标左键，将其拖曳至视频轨中，释放鼠标左键，即可在时间轴面板中插入"当中"项目模板，如图 4-27所示。

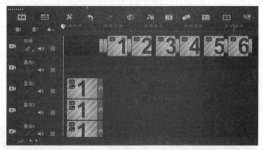

图 4-27

4.3.3 "结尾"项目模板

用户可将"结尾"项目模板添加到视频项目的结尾处，打造专业的片尾动画效果。

单击素材库左侧的"即时项目"按钮，打开"即时项目"素材库。在库导航面板中选择"结尾"选项，即可显示"结尾"项目模板素材库，如图 4-28所示。

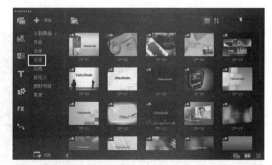

图 4-28

选中任意一个模板，按住鼠标左键，将其拖曳至视频轨中，释放鼠标左键，即可在时间轴面板中插入"结尾"项目模板，如图 4-29所示。

图 4-29

4.3.4 "完成"项目模板

在"完成"项目模板中，每一个项目都是一段完整的视频，其中包含片头、片中与片尾的特效。

单击素材库左侧的"即时项目"按钮，打开"即时项目"素材库。在库导航面板中选择"完成"选项，即可显示"完成"项目模板素材库，如图4-30所示。

图4-30

选中任意一个模板，按住鼠标左键，将其拖曳至视频轨中，释放鼠标左键，即可在时间轴面板中插入"完成"项目模板，如图4-31所示。

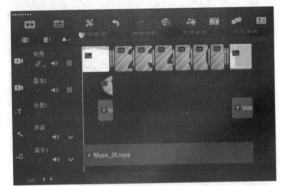

图4-31

4.3.5 课堂案例——应用常规项目模板

实例效果	实例文件\第4章\4.3.5\应用常规项目模板.VSP
素材位置	实例文件\第4章\4.3.5\素材
在线视频	第4章\4.3.5
实用指数	★★★★
技术掌握	会声会影"常规"项目模板的使用方法

会声会影2018除了提供"开始""当中""结尾"和"完成"这4种项目模板，还为用户提供了"常规"项目模板。"常规"项目模板的照片效果能够满足大部分用户的需求，用户只需要替换项目模板中的照片，就能轻松完成视频相册的制作。

01 在会声会影2018工作界面中，单击素材库左侧的"即时项目"按钮，如图4-32所示，打开"即时项目"素材库。

图4-32

02 单击▶按钮，展开库导航面板，在面板中选择"常规"选项，打开"常规"项目模板素材库，如图4-33所示。

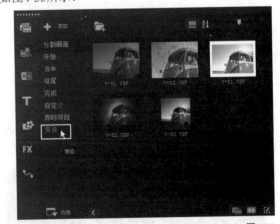

图4-33

03 在"常规"项目模板素材库中选择"V-53.VSP"常规项目模板，如图4-34所示。

04 按住鼠标左键，将其拖曳至视频轨中，释放鼠标左键，即可在时间轴面板中插入常规项目主题模板，如图4-35所示。

图 4-34

图 4-35

⑤ 如果用户对模板中的图像素材不满意，需要进行替换，可在时间轴面板中用鼠标右键单击素材，在弹出的快捷菜单中选择"替换素材"|"照片"命令，如图4-36所示。

图 4-36

⑥ 弹出"替换/重新链接素材"对话框，在其中选择需要进行替换的素材（素材文件夹中的"替换素材.jpg"图像文件），如图4-37所示。

⑦ 单击"打开"按钮，即可将时间轴面板中选取的素材替换成新的图像，如图4-38所示。

图 4-37

图 4-38

⑧ 单击导览面板中的"播放"按钮，即可预览常规即时项目模板效果，如图4-39所示。

图 4-39

4.4 模板的编辑与装饰

除即时项目模板以外，会声会影2018还提供了其他主题模板，如对象模板、边框模板和Flash动画模板这类装饰性模板。在编辑视频时，适当应用这些模板，可以让视频更加生动有趣，充满画面感。本节将介绍会声会影2018中的装饰性模板，并详细讲解模板的一些基本编辑方法。

4.4.1 为素材添加对象模板

会声会影2018为用户提供了丰富的对象主题模板，用户可以根据需要将对象主题模板应用到所编辑的视频中，使画面更加美观。

在素材库的左侧单击"媒体"按钮，在"照片"素材库中选择需要的图像素材，并将其拖曳到时间轴面板的视频轨中，如图4-40所示。在预览窗口中可预览图像效果，如图4-41所示。

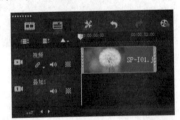

图4-40

图4-41

在素材库的左侧单击"图形"按钮，切换至"图形"素材库，单击窗口上方的"画廊"按钮，在弹出的下拉列表中选择"对象"选项，如图4-42所示。打开"对象"素材库，其中显示了多种类型的对

象模板，选择一个需要添加的对象模板，如图4-43所示。

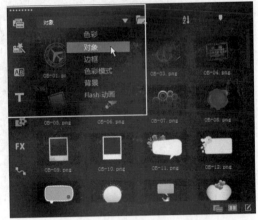

图4-42

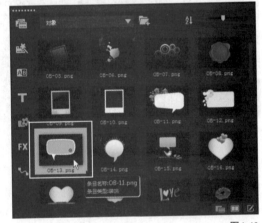

图4-43

在对象模板上单击鼠标右键，在弹出的快捷菜单中选择"插入到"|"覆叠轨#1"命令，如图4-44所示。执行上述操作后，即可将选择的对象模板插入覆叠轨1中，如图4-45所示。

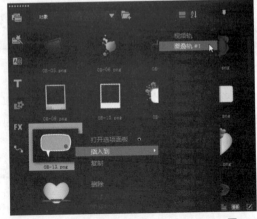

图4-44

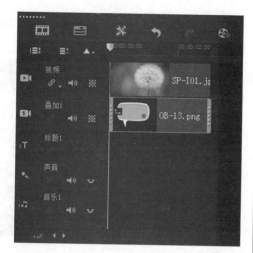

图4-45

在预览窗口中调整对象模板位置，并预览添加的对象模板效果，如图4-46所示。

图4-46

4.4.2 课堂案例——边框模板的应用

实例效果 实例文件\第4章\4.4.2\边框模板的应用.VSP

素材位置 实例文件\第4章\4.4.2\素材

在线视频 第4章\4.4.2

实用指数 ★★★

技术掌握 边框模板的添加与编辑

在会声会影2018中，用户可以为素材添加边框模板，制作出绚丽多彩的视频作品。

⓵ 在会声会影2018工作界面中，执行"文件"|"打开项目"命令，打开素材文件夹中的"小猫.VSP"文件，如图4-47和图4-48所示。

图4-47

图4-48

⓶ 在素材库的左侧，单击"图形"按钮 ，切换至"图形"素材库，如图4-49所示。

图4-49

⓷ 单击窗口上方的"画廊"按钮 ，在弹出的下拉列表中选择"边框"选项，如图4-50所示。

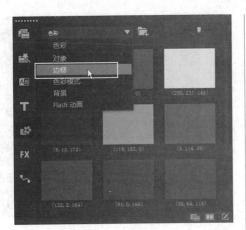

图4-50

04 打开"边框"素材库，其中显示了内置的边框模板，这里选择"FR-B02.png"边框模板，如图4-51所示。在边框模板上单击鼠标右键，在弹出的快捷菜单中选择"插入到" | "覆叠轨#1"命令，如图4-52所示。

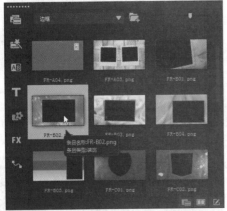

图4-51

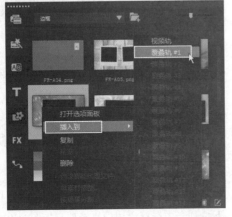

图4-52

05 执行上述操作后，即可将选择的边框模板插入覆叠轨，如图4-53所示。

图4-53

06 将鼠标指针移动至边框模板素材的末端，按住鼠标左键向右拖曳，将素材拉长至与视频轨素材同等长度，如图4-54所示。

图4-54

07 上述操作完成后，单击导览面板中的"播放"按钮，预览添加边框模板后的视频效果，如图4-55所示。

图4-55

4.4.3 课堂案例——Flash模板的应用

实例效果 实例文件\第4章\4.4.3\Flash模板的应用.VSP

素材位置 实例文件\第4章\4.4.3\素材

在线视频 第4章\4.4.3

实用指数 ★★★

技术掌握 Flash模板的添加与编辑

会声会影2018提供了不同样式的Flash模板，用户可根据自身需要进行选择，将其添加至覆叠轨或视频轨中，使制作的影片画面更加动感。

01 在会声会影2018工作界面中，执行"文件"|"打开项目"命令，打开素材文件夹中的"奔跑.VSP"文件，如图4-56和图4-57所示。

图4-56

图4-57

02 在素材库的左侧单击"图形"按钮，切换至"图形"素材库，如图4-58所示。

03 单击窗口上方的"画廊"按钮 ，在弹出的下拉列表中选择"Flash动画"选项，如图4-59所示。

图4-58

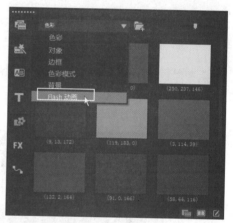

图4-59

04 打开"Flash动画"素材库，其中显示了内置的Flash模板，这里选择"FL-I10.swf"边框模板，如图4-60所示。在Flash模板上单击鼠标右键，在弹出的快捷菜单中选择"插入到"|"覆叠轨#1"命令，如图4-61所示。

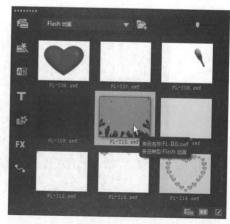

图4-60

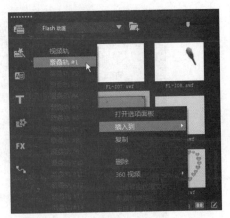

图4-61

⑤ 执行上述操作后，即可将选择的Flash模板插入覆叠轨，如图4-62所示。

⑥ 将鼠标指针移动至"奔跑.jpg"素材的末端，按住鼠标左键向右拖曳，将其拉长至与视频轨素材同等长度，如图4-63所示。

图4-62

图4-63

⑦ 上述操作完成后，单击导览面板中的"播

放"按钮，预览添加Flash模板后的视频效果，如图4-64所示。

图4-64

4.4.4　在模板中删除不需要的素材

在模板素材库中选择不需要的模板素材，单击鼠标右键，在弹出的快捷菜单中选择"删除"命令，即可将不需要的素材删除，如图4-65所示。

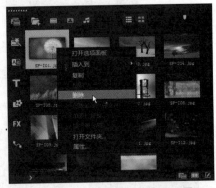

图4-65

4.4.5　课堂案例——制作瓢虫小动画

实例效果	实例文件\第4章\4.4.5\制作瓢虫小动画.VSP
素材位置	实例文件\第4章\4.4.5\素材
在线视频	第4章\4.4.5
实用指数	★★★★
技术掌握	添加Flash动画并调整大小的方法

将Flash动画添加到时间轴面板后,可以根据需要调整Flash动画在视频画面中的显示大小,使制作的视频更加美观。

(01) 在会声会影2018工作界面中,执行"文件"|"打开项目"命令,打开素材文件夹中的"花.VSP"文件,如图4-66和图4-67所示。

图4-66

图4-67

(02) 在时间轴面板中单击鼠标右键,在弹出的快捷菜单中选择"插入视频"命令,如图4-68所示。

图4-68

(03) 弹出"打开视频文件"对话框,在其中选择素材文件夹中的"瓢虫.swf"素材,如图4-69所示。

图4-69

(04) 单击"打开"按钮,即可在覆叠轨中插入Flash动画素材,调整区间,使之与视频轨中"花.jpg"素材相同,如图4-70所示。

图4-70

(05) 在预览窗口中,可以预览插入的Flash动画效果,如图4-71所示。

图4-71

⑥ 将Flash动画拖曳到合适的位置,并调整大小,如图4-72所示。

图4-72

⑦ 单击导览面板中的"播放"按钮,预览调整Flash动画大小后的视频效果,如图4-73所示。

图4-73

4.5 运用影音快手制片

影音快手模板功能非常适合新手,可以让新手快速、方便地制作出视频画面,并制作出非常专业的影视短片效果。本节主要向读者介绍运用影音快手模板套用素材制作视频的方法。

4.5.1 课堂案例——选择影音模板

实例效果	无
素材位置	无
在线视频	第4章\4.5.1
实用指数	★★★
技术掌握	选择影音快手模板的方法

在会声会影2018中,用户可以通过菜单栏中的

"影音快手"命令快速启动"影音快手"程序。启动程序后,首先需要选择影音模板。下面介绍具体操作方法。

① 在会声会影2018工作界面中,执行"工具"|"影音快手"命令,如图4-74所示。

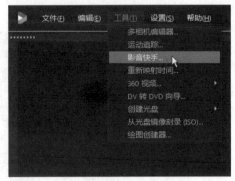

图4-74

② 执行上述操作后,即可进入影音快手工作界面,如图4-75所示。

图4-75

③ 在右侧的"所有主题"列表框中选择一种视频主题样式,如图4-76所示。

图4-76

04 在左侧的预览窗口下方单击"播放"按钮，如图4-77所示。开始播放主题模板画面，预览模板效果，如图4-78所示。

图 4-77

图 4-78

4.5.2 课堂案例——添加影音素材

实例效果 实例文件\第4章\4.5.2\添加影音素材.vfp
素材位置 实例文件\第4章\4.5.2\素材
在线视频 第4章\4.5.2
实用指数 ★★★★
技术掌握 在影音快手模板中添加外部素材

当用户选择好影音模板后，接下来需要在模板中添加需要的影视素材，使制作的视频画面更加符合需求。下面介绍添加影音素材的操作方法。

01 使用会声会影2018软件，打开路径文件夹中

的"模板.vfp"文件。在完成影音模板的选择后，在影音快手工作界面单击"添加媒体"按钮，如图4-79所示。

图 4-79

02 执行上述操作后，即可打开相应面板，单击右侧的"添加媒体"按钮，如图4-80所示。

图 4-80

03 弹出"添加媒体"对话框，在其中选择素材文件夹中需要添加的素材文件，如图4-81所示。

图 4-81

04 单击"打开"按钮，将素材文件添加到"Corel影音快手"界面中，右侧显示了新增的媒体文件，如图4-82所示。

图 4-82

05 在左侧预览窗口下方单击"播放"按钮，预览更换素材后的影片模板效果，如图4-83所示。

图 4-83

4.5.3 课堂案例——输出影音文件

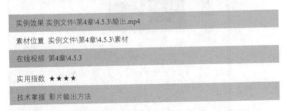

实例效果 实例文件\第4章\4.5.3\输出.mp4

素材位置 实例文件\第4章\4.5.3\素材

在线视频 第4章\4.5.3

实用指数 ★★★★

技术掌握 影片输出方法

当用户选择好影音模板并添加相应的素材后，最后一步即输出制作的影视文件，使其可以在任意播放器中进行播放。

01 使用会声会影2018软件，打开素材文件夹中的"模板.vfp"文件。使用影音快手制作好视频后，在影音快手工作界面单击"保存和共享"按钮，如图4-84所示。

图 4-84

02 执行操作后，打开相应面板，在右侧单击"MPEG-4"按钮，如图 4-85所示，将其导出为MP4视频格式。

图 4-85

03 单击"文件位置"文本框右侧的"浏览"按钮 📂，弹出"另存为"对话框，在其中设置视频文件的输出位置与文件名称，如图4-86所示。

图 4-86

04 单击"保存"按钮，完成视频输出属性的设置，返回影音快手界面，在左侧单击"保存电影"按钮，如图4-87所示。

图 4-87

05 执行上述操作后，开始渲染视频文件，并显示渲染进度，如图4-88所示。

图 4-88

06 视频渲染完成后，弹出提示信息框，提示用户影片已经渲染成功，单击"确定"按钮，如图4-89所示。

图 4-89

4.6　本章小结

作为视频制作人员，需要掌握一定的技巧，比如，学会利用视频软件自带的一些模板。会声

会影2018自带丰富的"即时项目"模板，一般用于比较简单直白的视频制作。如果对于视频质量要求不高，可以直接使用项目模板，替换照片之后即可使用。

4.7　课后习题

4.7.1　制作趣味开场

实例效果	课后习题\第4章\4.7.1\制作趣味开场.VSP
素材位置	课后习题\第4章\4.7.1\素材
在线视频	第4章\4.7.1
实用指数	★★★★
技术掌握	应用"开始"项目模板

本习题主要练习使用素材库中的"开始"项目模板（IP-02），并将自定义图像文件插入模板，最终制成一个趣味开场视频，如图4-90所示。

图 4-90

步骤分解如图4-91所示。

图 4-91

图 4-91（续）

4.7.2　制作生日祝福短片

实例效果	课后习题\第4章\4.7.2\生日祝福.vfp

素材位置	课后习题\第4章\4.7.2\素材

在线视频	第4章\4.7.2

实用指数	★★★★★

技术掌握	使用影音快手

本习题主要练习使用影音快手模板制作影片，并输出影音文件，如图 4-92所示。

图 4-92

步骤分解如图 4-93所示。

图 4-93

第**5**章

添加媒体素材

内容摘要

会声会影2018提供了多种类型的视频素材，用户可以直接从素材库中调用。当素材库中的各类素材不能满足编辑需求时，用户可以选择将常用的素材导入软件素材库，方便随时取用和编辑。本章主要讲解在会声会影2018中添加各类素材的操作方法。

课堂学习目标

- 通过命令添加素材
- 通过按钮添加素材
- 通过时间轴添加素材
- 掌握素材库的使用

5.1 添加常规素材

在会声会影2018中，用户可以将图像、视频和音频等素材插入所编辑的项目或软件素材库中，并对素材进行整合，制作成一个内容丰富的动态视频。本节将介绍将不同素材添加至项目的几种操作方法。

5.1.1 课堂案例——添加图像素材

实例效果 无	
素材位置	实例文件\第5章\5.1.1\素材
在线视频	第5章\5.1.1
实用指数	★★★★★
技术掌握	使用不同的方法将图像素材添加到素材库

当会声会影素材库中的图像素材无法满足制作需求时，用户可以将常用的图像素材添加到会声会影2018素材库中。下面将以实例的形式，讲解在会声会影素材库中添加自定义图像素材的4种方法。

1. 通过命令添加图像

⑴ 启动会声会影2018软件，执行"文件"|"将媒体文件插入到素材库"命令，如图5-1所示。

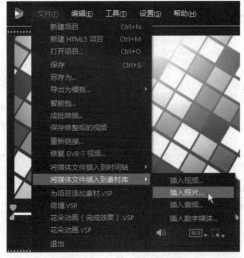

图5-1

⑵ 弹出"浏览照片"对话框，在该对话框中选择素材文件夹中所需打开的图像素材1.jpg，如图5-2所示。

图5-2

⑶ 单击"打开"按钮，将所选择的图像素材添加至素材库，如图5-3所示。

图5-3

⑷ 将素材库中添加的图像素材拖曳至视频轨中的起始位置，如图5-4所示。

图5-4

05 单击导览面板中的"播放"按钮，即可预览添加的图像效果，如图 5-5所示。

图 5-5

2. 通过按钮添加图像素材

01 启动会声会影2018软件，单击位于素材库上方的"显示照片"按钮 ，如图 5-6所示。

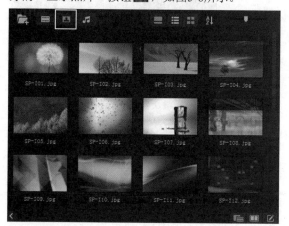

图5-6

02 完成上述操作后，即可显示素材库中的图像文件，单击"导入媒体文件"按钮 ，如图5-7所示。

03 弹出"浏览媒体文件"对话框，在该对话框中选择素材文件夹中所需打开的图像素材2.jpg，如图5-8所示。

图5-7

图5-8

04 单击"打开"按钮，将所选择的图像素材添加到素材库中，如图5-9所示。

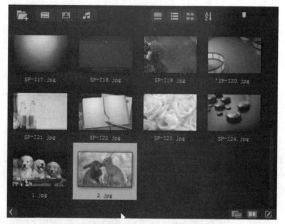

图5-9

05 将素材库中添加的图像素材拖曳至视频轨中的起始位置，如图5-10所示。

图5-10

06 单击导览面板中的"播放"按钮，即可预览添加的图像效果，如图5-11所示。

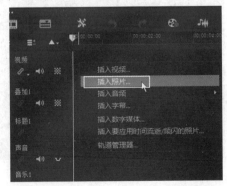

图5-11

3. 通过时间轴添加图像

01 启动会声会影2018软件，在时间轴面板的视频轨道中单击鼠标右键，在弹出的快捷菜单中选择"插入照片"命令，如图5-12所示。

图5-12

02 弹出"浏览照片"对话框，在该对话框中选择素材文件夹中所需打开的图像素材3.jpg，如图5-13所示。

图5-13

03 单击"打开"按钮，即可将所选择的图像素材直接添加到视频轨道中，如图5-14所示。

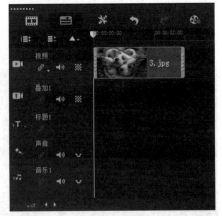

图5-14

04 单击导览面板中的"播放"按钮，即可预览添加的图像效果，如图5-15所示。

技巧与提示

在Windows操作系统中，用户还可以在计算机磁盘中选择需要添加的图像素材，按住鼠标左键并将其拖曳至会声会影2018的时间轴面板中，即可快速添加图像素材至轨道。

图5-15

4. 通过素材库添加图像

① 启动会声会影2018软件，在素材库空白处单击鼠标右键，在弹出的快捷菜单中选择"插入媒体文件"命令，如图5-16所示。

图5-16

② 弹出"浏览媒体文件"对话框，在该对话框中选择素材文件夹中所需打开的图像素材4.jpg，如图5-17所示。

图5-17

③ 单击"打开"按钮，将所选择的图像素材添加到素材库中，如图5-18所示。

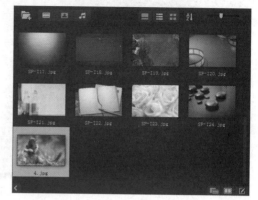

图5-18

④ 将素材库中添加的图像素材拖曳至视频轨中的起始位置，单击导览面板中的"播放"按钮，即可预览添加的图像效果，如图5-19所示。

图5-19

5.1.2　添加视/音频素材

添加视/音频素材的方法，与之前讲解的添加图像素材的方法一样，同样是4种方法，这里进行简单介绍。

1. 通过命令添加视/音频

执行"文件"|"将媒体文件插入到素材库"命令，在弹出的子菜单中选择插入素材的类型，如图5-20所示。在弹出的浏览文件对话框中选择所需素材，如图5-21所示。单击"打开"按钮，便可将素材导入素材库，并进行调用和编辑。

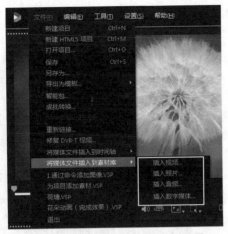

图5-20

图5-21

2. 通过按钮添加视/音频

在会声会影2018的素材库上方，根据需要导入的文件类型，单击"显示视频" █ 按钮或"显示音频文件" █ 按钮，在显示素材库中的对应类型文件后，再单击"导入媒体文件" █ 按钮，即可在弹出的文件浏览对话框中选择所需素材导入素材库。

3. 通过时间轴添加视/音频

在时间轴面板中，右键单击需要添加视频或音频的对应轨道，在弹出的快捷菜单中选择与插入素材类型相对应的命令，如图5-22所示。然后，在弹出的文件浏览对话框中选择所需素材，单击"打开"按钮即可将素材快速插入时间轴轨道中。

图5-22

4. 通过素材库添加视/音频

在素材库空白处单击鼠标右键，在弹出的快捷菜单中选择"插入媒体文件"命令，即可在弹出的浏览文件对话框中选择所需素材导入素材库。

5. 将素材拖入时间轴

打开计算机资源管理器窗口，选择需要添加的视音频素材，按住鼠标左键直接拖入会声会影2018软件的时间轴面板中，释放鼠标即可快速添加素材至轨道，这里需要注意的是，素材要对应轨道类型进行摆放，如图5-23所示。

图5-23

5.2 添加装饰素材

根据视频编辑需求，用户可以加载外部的对象素材和边框素材，使制作的视频效果更加精美。本节将介绍将装饰素材添加至会声会影项目的操作方法。

5.2.1　载入对象素材

在会声会影2018中，用户可以通过"对象"素材库加载外部的对象素材。

在素材库左侧单击"图形"按钮 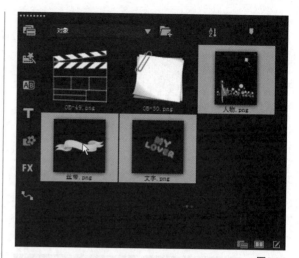，切换至图形库，然后单击素材库上方的"画廊"按钮 ，在弹出的下拉列表中选择"对象"选项，如图5-24所示。操作完成后，单击素材库上方的"添加"按钮 ，在弹出的"浏览图形"对话框中选择需要添加的对象文件，如图5-25所示。

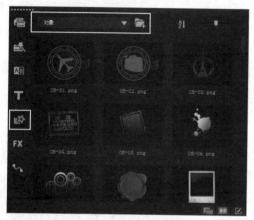

图5-24

图5-25

单击"打开"按钮，即可将对象文件导入素材库，如图5-26所示。之后在素材库中可以将对象素材拖曳至时间轴面板进行调用和编辑。在预览窗口中，手动拖曳对象素材四周的控制柄，可以调整对象素材的大小和位置，如图5-27所示。

图5-26

图5-27

5.2.2　课堂案例——加载外部边框素材

实例效果	实例文件\第5章\5.2.2\加载外部边框素材.VSP
素材位置	实例文件\第5章\5.2.2\素材
在线视频	第5章\5.2.2
实用指数	★★★
技术掌握	将外部边框素材添加到素材库

在会声会影2018中，用户可以通过"边框"素材库加载外部的边框素材。

01 在会声会影2018工作界面中，执行"文件"|"打开项目"命令，打开素材文件夹中的"大自然.VSP"文件，如图5-28所示。

图5-28

02 在素材库左侧单击"图形"按钮，切换至图形库。单击素材库上方的"画廊"按钮，在弹出的下拉列表中选择"边框"选项，打开"边框"素材库，如图5-29所示。

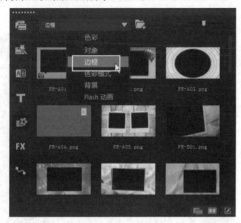

图5-29

03 单击素材库上方的"添加"按钮，在弹出的"浏览图形"对话框中选择素材文件夹中的"边框.png"素材，如图5-30所示。

图5-30

04 单击"打开"按钮，即可将边框素材导入素

材库，如图5-31所示。

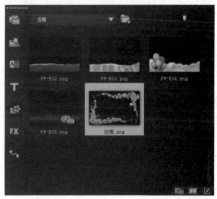

图5-31

05 在素材库中选择边框素材，按住鼠标左键将其拖曳至时间轴面板的覆叠轨上，并将素材末端向右拖曳，使其与视频素材长度一致，如图5-32所示。

图5-32

06 在预览窗口的边框素材上单击鼠标右键，在弹出的快捷菜单中选择"调整到屏幕大小"命令，即可使边框素材全屏显示在预览窗口中，如图5-33所示。

图5-33

5.3 添加动画素材

会声会影2018可以直接应用Flash动画素材，用户可以根据需要将素材导入素材库，或者应用到时间轴面板中，然后对Flash素材进行相应编辑操作。

5.3.1 添加Flash动画素材

在会声会影2018中，用户可以将Flash素材应用至视频中来丰富视频内容。添加Flash素材的方法与载入对象素材的方法大体相同。

在素材库左侧单击"图形"按钮 ，切换至图形库，然后单击素材库上方的"画廊"按钮 ，在弹出的下拉列表中选择"Flash动画"选项，打开"Flash动画"素材库，如图5-34所示。单击素材库上方的"添加"按钮 ，在弹出的"浏览图形"对话框中选择需要添加的Flash文件，如图5-35所示。单击"打开"按钮，即可将动画素材导入会声会影素材库。

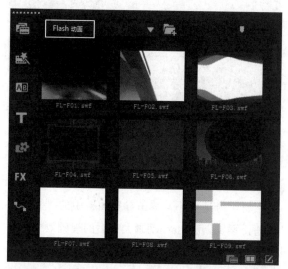

图5-34

技巧与提示

执行"文件"|"将媒体文件插入到时间轴"|"插入视频"命令，在弹出的"打开视频文件"对话框中选择需要插入的Flash文件，单击"打开"按钮，可快速将Flash文件添加到时间轴中。

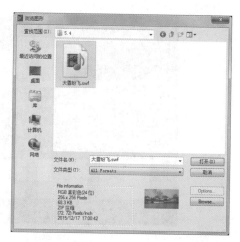

图5-35

5.3.2 课堂案例——调整Flash动画素材大小

实例效果	实例文件\第5章\5.3.2\调整Flash动画素材大小.VSP
素材位置	实例文件\第5章\5.3.2\素材
在线视频	第5章\5.3.2
实用指数	★★★★
技术掌握	调整时间轴面板中的Flash动画素材大小

将Flash动画添加到时间轴面板后，可以根据需要整Flash动画在视频画面中的显示大小，使制作的视频更加美观。

01 在会声会影2018工作界面中，执行"文件"|"打开项目"命令，打开路径文件夹中的"童趣.VSP"文件，如图5-36所示。

图5-36

02 在素材库左侧单击"图形"按钮 ，切换至图形库，然后单击素材库上方的"画廊"按钮 ，在弹出的下拉列表中选择"Flash动画"选项，打开"Flash动画"素材库，如图5-37所示。

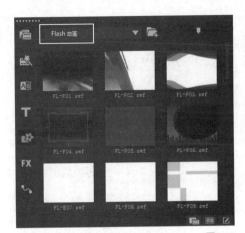

图5-37

03 选择"Flash动画"素材库中软件自带的"FL-I15.swf"动画素材，如图5-38所示。

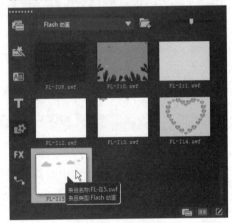

图5-38

04 按住鼠标左键，将其拖曳到时间轴面板的"叠加2"轨道，并摆放在起始位置，如图5-39所示。

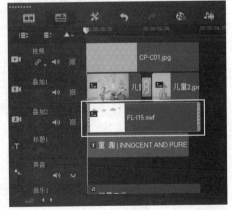

图5-39

05 在预览窗口中，可以预览插入的Flash动画效果，如图5-40所示。

图5-40

06 在Flash动画效果上单击鼠标右键，在弹出的快捷菜单中选择"保持宽高比"命令，如图5-41所示。

图5-41

07 执行上述操作后，即可在动画预览窗口调整素材至合适大小。单击导览面板中的"播放"按钮，预览调整Flash动画大小后的视频效果，如图5-42所示。

图 5-42

5.3.3　调整Flash动画位置

在时间轴面板中添加Flash动画文件后，如果动画的位置不符合要求，可以调整Flash动画文件在视频中的位置，使视频画面更加协调。

在时间轴面板中选择需要调整位置的Flash动画素材，在预览窗口中将鼠标指针移至Flash动画素材上，此时鼠标指针变为 ✛ 状，如图5-43所示。按住鼠标左键并将其拖曳至合适位置，即可调整Flash动画素材的位置，如图5-44所示。

图5-43

图5-44

5.3.4　课堂案例——删除Flash 动画素材

实例效果	实例文件\第5章\5.3.4\删除Flash动画素材.VSP
素材位置	实例文件\第5章\5.3.4\素材
在线视频	第5章\5.3.4
实用指数	★★★
技术掌握	删除时间轴中的Flash动画

如果用户对添加的Flash动画素材不满意，可以将动画素材删除。

01 在会声会影2018工作界面中，执行"文件"|"打开项目"命令，打开素材文件夹中的"秋.VSP"文件，如图5-45所示。

图5-45

02 在时间轴面板中选择需要删除的Flash动画，如图5-46所示。

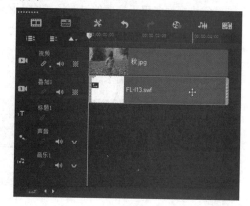

图5-46

03 单击鼠标右键，在弹出的快捷菜单中选择"删除"命令，如图5-47所示，或按Delete键。即可删除时间轴面板中的Flash动画素材，如图5-48所示。

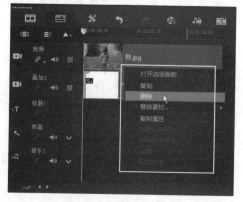

图5-47

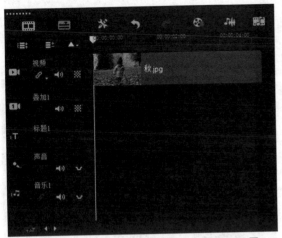

图5-48

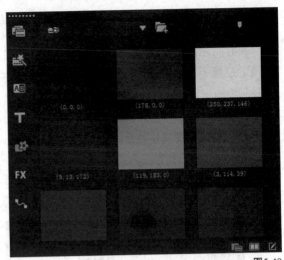

图5-49

5.4 添加色块素材

色块画面多用于视频的过渡场景中，黑色与白色的色块常用来制作视频的淡入与淡出特效。在会声会影2018中，用户可以亲手制作颜色丰富的色块画面来满足视频制作需求。

5.4.1 课堂案例——用Corel颜色制作色块

实例效果	无
素材位置	无
在线视频	第5章\5.4.1
实用指数	★★★★★
技术掌握	使用Corel颜色自定义色块素材

会声会影2018的"图形"素材库中提供了一部分色块素材，如果其中的色块素材不能满足制作需求，可以通过Corel颜色制作色块。

(01) 在会声会影2018工作界面中，单击素材库左侧的"图形"按钮 ▓，切换至"图形"素材库，并选择"色彩"选项，打开"色彩"素材库，如图5-49所示。

(02) 单击素材库上方的"添加"按钮 ▓，弹出"新建色彩素材"对话框，如图5-50所示。

技巧与提示

在"新建色彩素材"对话框的不同颜色数值框中，输入相应的RGB数值可以调整色相，设置新建色块的颜色。

(03) 单击"色彩"色块，在弹出的颜色面板中选择"Corel色彩选取器"选项，如图5-51所示。

图5-50

图5-51

(04) 弹出"Corel色彩选取器"对话框，如图5-52所示。在对话框下方单击蓝色色块，如图5-53所示，此时新建的色块颜色为蓝色。此外，用户还可以在选取器中拖曳鼠标精准选择颜色。

图5-52

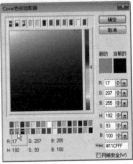

图5-53

05 单击"确定"按钮，返回"新建色彩素材"对话框，此时"色彩"色块变为蓝色，如图5-54所示。

图5-54

06 单击"确定"按钮，即可在"色彩"素材库新建蓝色色块，如图5-55所示。

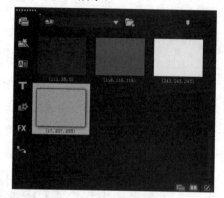

图5-55

07 将新建的蓝色色块拖曳至时间轴面板的视频轨中，即可添加色块素材，如图5-56所示。

图5-56

5.4.2 用Windows颜色制作色块

在会声会影2018中，用户还可以通过Windows"颜色"对话框来设置色块颜色。

同样，单击素材库上方的"添加"按钮 ，

弹出"新建色彩素材"对话框后，单击"色彩"色块，在弹出的颜色面板中选择"Windows色彩选取器"选项，如图5-57所示。

图5-57

执行操作后，弹出"颜色"对话框，如图5-58所示。在"基本颜色"选项区中，选取任意一种颜色后，单击"确定"按钮，返回"新建色彩素材"对话框，可以看到"色彩"色块变为选取的颜色，如图5-59所示。单击"确定"按钮，即可将色块添加到素材库。

图5-58

图5-59

5.4.3 调整色块的区间长度

将色块素材添加到时间轴面板后，如果色块的区间长度不满足制作需求，可以设置素材的区间长度，使其与视频画面更加符合。本节将介绍几种调整色块区间长度的方法。

1. 通过黄色标记调整区间

用户可通过拖曳色块素材末尾的黄色标记来更改色块素材的区间长度。选择视频轨中需要调整区间长度的色块，将鼠标指针移至右端的黄色标记上，此时鼠标指针呈双向箭头形状，如图5-60所示。

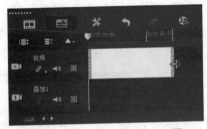

图 5-60

按住鼠标左键并向右拖曳，到合适位置后释放鼠标，即可调整色块素材的区间长度，如图 5-61 所示。

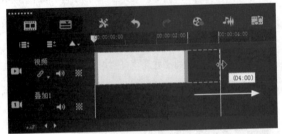

图 5-61

2. 直接输入数值调整区间

用户可以通过"色彩"选项面板中的"色彩区间"数值框来更改色块素材的区间长度。在视频轨中选择需要更改区间长度的色块素材，如图5-62所示。展开"色彩"选项面板，在其中设置色彩区间长度为0:00:05:000，如图5-63所示。

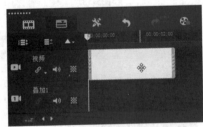

图5-62

图5-63

色彩区间参数设置完成后，按Enter键确认，即可更改视频轨中色块的区间长度为5秒，如图 5-64所示。

图 5-64

3. 通过对话框调整区间

在制作色块的过程中，用户还可以通过"区间"对话框来更改色块素材的区间长度。

在视频轨中选择需要更改区间长度的色块素材，单击鼠标右键，在弹出的快捷菜单中选择"更改色彩区间"命令，如图 5-65所示。

图 5-65

执行操作后，弹出"区间"对话框，在其中设置区间为0:0:5:0，如图5-66所示。单击"确定"按钮，即可更改视频轨中色块的区间长度为5秒，如图5-67所示。

图5-66

图5-67

5.4.4　课堂案例——更改色块的颜色

实例效果	实例文件\第5章\5.4.4\更改色块的颜色.VSP
素材位置	实例文件\第5章\5.4.4\素材
在线视频	第5章\5.4.4

实用指数 ★★★

| 技术掌握 | 调整色块的颜色 |

将色块素材添加到视频轨后，如果对色块的颜色不满意，可以随时对其进行修改。

01 在会声会影2018工作界面中，执行"文件"|"打开项目"命令，打开素材文件夹中的"雪人.VSP"文件，如图5-68所示。

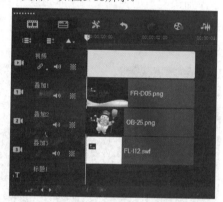

图5-68

02 在预览窗口中，可以预览色块与视频的叠加效果，如图5-69所示。

图5-69

03 在时间轴面板的视频轨中，选择需要进行更改颜色的色块素材，如图5-70所示。

04 展开"色彩"选项面板，单击"色彩选取器"色块，如图5-71所示。

图5-70

05 此时会弹出颜色面板，在其中选择"Corel色彩选取器"选项，如图5-72所示。

图5-71　　　　　　　　图5-72

06 弹出"Corel色彩选择工具"对话框，在其中设置颜色为蓝色，如图5-73所示。

图5-73

技巧与提示

在步骤5弹出的颜色面板中，单击下方的相应色块，可以快速更改色块素材的颜色。

07 设置完成后，单击"确定"按钮，即可更改色块素材的颜色，如图5-74所示。

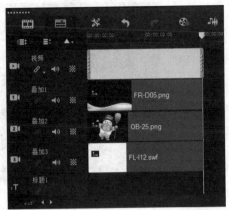

图5-74

08 单击导览面板中的"播放"按钮，预览更改色块颜色后的视频画面效果，如图5-75所示。

图5-75

5.5 本章小结

本章主要讲解了在会声会影2018中添加不同类型素材的操作方法，在导入外部素材时，可使用5种方法，分别是通过命令添加、通过按钮添加、通过时间轴添加、通过素材库添加，以及直接拖入外部素材。在进行视频编辑时，选择一种适合自己的素材添加方式，相信对于之后的视频编辑工作会有很大的帮助。

5.6 课后习题

5.6.1 添加BMP图像文件

实例效果	课后习题\第5章\5.6.1\添加BMP图像文件.VSP
素材位置	课后习题\第5章\5.6.1\素材
在线视频	第5章\5.6.1
实用指数	★ ★ ★
技术掌握	添加BMP图像素材至时间轴面板

BMP（全称Bitmap）是Windows操作系统中的标准图像文件格式，用户可以在会声会影2018中添加该类型的图像文件。本习题主要练习在会声会影2018项目中添加BMP图像文件，如图 5-76所示。

图 5-76

步骤分解如图 5-77所示。

图 5-78

步骤分解如图 5-79所示。

图 5-77

5.6.2　用色块制作黑屏过渡效果

实例效果	课后习题\第5章\5.6.2\用色块制作黑屏过渡效果.VSP
素材位置	课后习题\第5章\5.6.2\素材
在线视频	课后习题\第5章\5.6.2
实用指数	★★★★
技术掌握	为黑色色块素材添加交叉淡化效果，制作特殊转场

本习题主要练习在会声会影2018项目中结合色块与交叉淡化效果，为视频制作一个黑屏过渡转场，如图 5-78所示。

图 5-79

087

第6章

视频素材的捕获

内容摘要

在使用会声会影2018制作影片前，需要将视频素材导入会声会影2018中，并需要做一些辅助工作，即捕获视频素材。会声会影2018可以从高清数字摄像机、手机等设备中捕获视频。视频质量将直接决定影片的最终效果，因此采用正确的手段获得高质量的视频，是必不可少的准备工作。

课堂学习目标

- 掌握捕获视频素材的方法
- 掌握捕获DV摄像机中视频素材的方法
- 掌握捕获模拟设备中视频的方法
- 掌握视频画面的录制技巧

6.1 捕获前的系统设置

捕获是一个非常激动人心的过程，将捕获到的素材存放在会声会影的素材库中，能为日后的剪辑操作提供便利。在捕获前需要做好一些准备工作，如设置声音参数、检查磁盘空间以及设置捕获选项等。

6.1.1 设置声音参数

用户可以在控制面板中设置系统的声音参数，调节声音大小。执行"开始"|"控制面板"命令，打开"控制面板"窗口，如图6-1所示。

图6-1

单击"硬件和声音"链接，单击"声音"链接，弹出"声音"对话框，切换至"录制"选项卡，选择"麦克风"选项，然后单击下方的"属性"按钮，如图6-2所示。

图6-2

执行操作后，弹出"麦克风 属性"对话框，如图6-3所示。切换至"级别"选项卡，在其中可以拖曳各选项的滑块，设置麦克风的声音属性，如图6-4所示。设置完成后，单击"确定"按钮即可。

图6-3

图6-4

6.1.2 查看磁盘空间

一般情况下，捕获的视频很大，因此用户在捕获视频前，需要腾出足够的磁盘空间，并确定分区格式，这样才能保证有足够的空间来存储捕获的视频文件。

在Windows 7系统的"计算机"窗口中单击每个磁盘，此时下方的空白处将显示该磁盘的文件系统类型（也就是分区格式）以及磁盘可用的空间情况，如图 6-5所示。

图 6-5

6.1.3 捕获注意事项

捕获视频是比较占用计算机系统资源的工作。视频文件通常会占用大量的硬盘空间，并且由于其数据量很大，硬盘在存储视频时会相当缓慢。下面列出一些注意事项，以确保用户可以成功捕获视频。

1. 捕获时需要关闭的程序

除了Windows资源管理器和会声会影外，关闭其他正在运行的应用程序，而且要关闭屏幕保护程序，以免捕获时发生中断或弹出窗口。

2. 捕获时需要的硬盘空间

在捕获视频时，最好使用专门的硬盘存储视频，并确保有足够的硬盘空间，以免制作的视频出现丢失帧等情况。

3. 设置工作文件夹

在使用会声会影捕获视频前，还需要根据硬盘的剩余空间正确设置工作文件夹和预览文件夹，用于保存编辑完成的项目和捕获的视频素材。

技巧与提示

在进行捕获工作前，需保证计算机连接了捕获设备，并安装了捕获驱动程序，否则后期操作时将弹出警告框，如图6-6所示。

图 6-6

6.2　捕获视频素材

通常情况下，视频编辑的第一步是捕获视频素材。捕获视频素材就是从DV摄像机或DVD等视频源获取视频数据，然后通过视频捕获卡或者IEEE 1394卡接收和翻译数据，最后将视频信号保存至计算机的硬盘中。

6.2.1　设置捕获选项

要制作影片，首先需要将视频信号捕获成数字文件。即使不需要进行任何编辑，捕获成数字文件也是一种很安全的保存方式。

将摄像机与计算机连接，并切换至播放模式，进入会声会影2018编辑器，单击顶部的"捕获"按钮 捕获 ，切换至"捕获"面板。在该面板中，左上方为播放DV视频的窗口，下方面板中将显示DV设备的相关信息，右侧"捕获"面板中有"捕获视频"、"DV快速扫描"、"从数字媒体导入"、"定格动画"和"实时屏幕捕获" 5个按钮，如图6-7所示。

图 6-7

"捕获"面板各按钮功能介绍如下。

- 捕获视频：允许捕获来自DV摄像机、模拟数码摄像机和电视的视频。各种不同类型的视频来源捕获步骤类似，但选项面板上可用的捕获设置是不同的。

- DV快速扫描：可以扫描DV设备，查找要导入的视频场景。

- 从数字媒体导入：可以将光盘、硬盘或移动设备中DVD/DVD-VR格式的视频导入会声会影2018编辑器中。

- 定格动画：会声会影的"定格动画"功能为用户带来了赋予无生命物体生命的乐趣。经典的动画技术对于任何对电影创作感兴趣的人而言都具备绝对的吸引力，很多著名电影及电视剧的制作都采用此技术。对于父母及儿童而言，定格动画摄影是消磨时光的绝佳途径；对于老师和学生而言，定格动画摄影则是一个极佳的多方面学习的机会。

- 实时屏幕捕获：会声会影的屏幕捕捉功能，可以捕捉完整的屏幕或部分屏幕，将文件放入时间轴，并添加标题、效果、旁白；将视频输出为各种文件格式，从蓝光光盘到网络皆适用。

在"捕获"选项面板中可设置相应的选项，如来源、格式、捕获文件夹等，如图6-8所示。

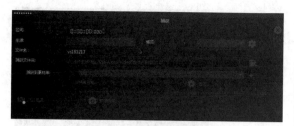

图 6-8

"捕获"选项面板中各属性介绍如下。

- 区间：用于设置捕获时间长度。单击三角按钮，即可调整时间长度。在捕获视频时，"区间"数值框中显示当前捕获视频的时间长度，也可预先指定数值，以便捕获指定长度的视频。
- 来源：显示检测到的捕获设备。
- 格式：提供一个下列列表，可在此选择文件格式，用于保存捕获的视频。
- 文件名：可以在此为捕获的视频文件设置名称。
- 捕获文件夹：可指定一个文件夹，用于保存所捕获的文件。
- 捕获到素材库：选择或创建想要保存视频的库文件夹。
- 按场景分割：根据用DV摄像机捕获视频的日期和时间的变化，将捕获的视频自动分割为几个文件。
- 选项：提供一个菜单，在该菜单中可以修改捕获设置。
- 捕获视频：将视频从来源传输到硬盘。
- 抓拍快照：可将显示的视频帧捕获为照片。

6.2.2 捕获静态图像

在会声会影2018中，除了可以捕获视频文件外，还可以捕获静态图像。

1. 设置捕获图像格式

在DV摄影机中捕获图像前，首先需要对捕获图像的格式进行设置。用户只需在"参数选择"对话框中进行相应操作，即可快速完成图像格式的设置。

在会声会影2018工作界面中，执行"设置"|"参数选择"命令，如图6-9所示。弹出"参

数选择"对话框，切换至"捕获"选项卡，单击"捕获格式"下拉按钮，在弹出的下拉列表中选择"JPEG"选项，如图6-10所示。单击"确定"按钮，即可完成捕获图像格式的设置。

图6-9

图6-10

2. 捕获静态图像

在会声会影2018中，用户能够在视频画面中截取静态图像。

将DV摄影机与计算机进行连接，进入会声会影2018编辑器后，切换至"捕获"面板，单击导览面板中的"播放"按钮，如图6-11所示。播放至合适位置后，单击导览面板中的"暂停"按钮，定位到需要捕获的画面，如图6-12所示。

图6-11

图6-12

图6-14

在"捕获"选项面板中,单击"捕获文件夹"文本框右侧的按钮,在弹出的"浏览文件夹"对话框中选择保存位置,如图 6-13所示。单击"确定"按钮,在"捕获"选项面板中单击"抓拍快照"按钮,静态图像捕获完成后,会自动保存到素材库中。

图6-15

图 6-13

③ 执行上述操作后,即可打开"定格动画"窗口,如图 6-16所示。

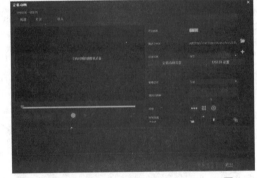

图 6-16

6.2.3 课堂案例——制作定格动画

实例效果	无
素材位置	实例文件\第6章\6.2.3\素材
在线视频	第6章\6.2.3
实用指数	★★★★★
技术掌握	"捕获"选项面板中"定格动画"功能的使用方法

在会声会影2018中,用户可以使用图片素材来制作定格动画,并直接用于视频编辑。

① 在会声会影2018工作界面中,单击"捕获"按钮,进入"捕获"面板,如图6-14所示。

② 单击"定格动画"按钮  ,如图6-15所示。

④ 在"定格动画"窗口,上方单击"导入"按钮,如图6-17所示。

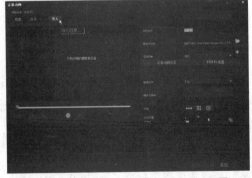

图 6-17

05 弹出"导入图像"对话框,在其中选择需要制作定格动画的照片素材,如图6-18所示。

图6-18

06 单击"打开"按钮,即可将选择的照片素材导入"定格动画"窗口,如图6-19所示。

图6-19

07 在导览面板中单击"播放"按钮,如图6-20所示。

图6-20

08 单击"图像区间"下拉按钮,在弹出的下列列表中选择"15帧"选项,如图6-21所示。

图6-21

09 开始播放定格动画,在预览窗口中可以预览动画效果,如图6-22所示。

图6-22

10 依次单击"保存"和"退出"按钮,退出

"定格动画"窗口，此时素材库中出现了刚创建的定格动画文件，如图6-23所示。

图6-23

(11) 将素材库中创建的定格动画文件拖入时间轴面板的视频轨中，即可应用定格动画，如图6-24所示。

图6-24

6.3 捕获DV摄像机中的视频素材

本节将介绍从DV摄影机中捕获视频素材的具体操作方法。

6.3.1 连接DV摄像机

将DV摄像机连接到计算机上，并将其切换至播放模式。就可以启动DV转DVD向导了。在会声

会影2018工作界面中，执行"工具"|"DV转DVD向导"命令，如图6-25所示。

图6-25

执行上述操作后，弹出"DV转DVD向导"窗口，如图6-26所示。

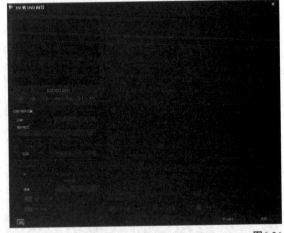

图6-26

在"扫描/捕获设置"选项区中，单击"设备"下拉按钮，在弹出的下列列表中选择"AVC Compliant DV Device"选项，即可完成捕获设备的选择。

播放视频画面至合适位置，然后单击窗口下方的"开始扫描"按钮，在扫描DV的过程中，预览窗口右侧的故事板中将显示DV中的每个场景缩略图。扫描完成后，单击窗口下方的"停止扫描"按钮，即可停止视频的扫描操作。

6.3.2 设置捕获视频起点

在导览面板中单击对应的导航按钮，即可查找需要捕获的视频素材的起点画面。

进入会声会影2018编辑器，切换至"捕获"面板，单击"捕获视频"按钮，如图6-27所示。

进入"捕获"选项面板，单击导览面板中的"播放"按钮，如图6-28所示。播放视频至合适位置后，单击导览面板中的"暂停"按钮，即可指定视频捕获的起点。

图6-27

图6-28

6.3.3 捕获DV摄像机中的视频

将DV摄像机与计算机相连接，在会声会影2018工作界面中，即可进行视频的捕获。

启动会声会影，单击"捕获"按钮，切换至"捕获"面板，单击"捕获视频"按钮，如图6-29所示。进入"捕获"选项面板，单击"捕获文件夹"文本框右侧按钮，在弹出的"浏览文件夹"对话框中选择要保存视频文件的位置，如图6-30所示，单击"确定"按钮。

图6-29

图6-30

完成上述操作后，单击"捕获视频"按钮，即可开始捕获视频。捕获到需要的区间后，单击"停止捕获"按钮，捕获完成的视频文件即保存到素材库中。切换至"编辑"面板，在时间轴面板中可对捕获到的视频进行编辑。

6.3.4 课堂案例——从数字媒体导入视频

实例效果	实例文件\第6章\6.3.4\从数字媒体导入视频.VSP
素材位置	实例文件\第6章\6.3.4\素材
在线视频	第6章\6.3.4
实用指数	★★★
技术掌握	掌握从数字媒体导入视频的方法

在会声会影2018中，能够直接捕获光盘中的视频，这样能够更快地进行视频制作。

01 在会声会影2018工作界面中，单击"捕获"按钮，进入"捕获"面板，如图6-31所示。

02 单击"捕获"面板中的"从数字媒体导入"按钮，如图6-32所示。

图6-31

图6-32

03 弹出"选取'导入源文件夹'"对话框，在其中选择素材所在的文件夹，如图6-33所示。

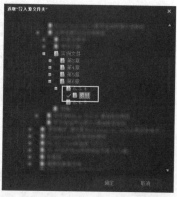

图6-33

04 单击"确定"按钮，弹出"从数字媒体导入"对话框，单击"起始"按钮，如图6-34所示。

图6-34

05 弹出"从数字媒体导入"对话框，选中素材左上角处的复选框，如图6-35所示。

图6-35

06 在"工作文件夹"文本框后单击"选取目标文件夹"按钮 📁，在弹出的"浏览文件夹"对话框中设置导出视频的路径，如图6-36所示。

图6-36

07 单击"确定"按钮关闭对话框。在"从数字媒体导入"对话框中单击"开始导入"按钮，如图6-37所示。

图6-37

08 文件开始导入，并显示导入进度，如图 6-38 所示。

图 6-38

09 弹出"导入设置"对话框，在其中可设置导入参数，如图6-39所示。

图6-39

10 设置完成后，单击"确定"按钮，素材即导入会声会影的素材库中，同时插入时间轴中。在预览窗口中可预览导入的视频素材，如图6-40所示。

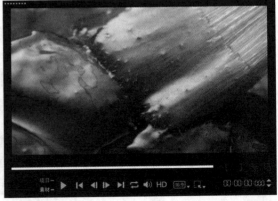

图6-40

6.4 视频画面的录制

本节主要向读者介绍创建视频文件的方法，以及对创建完成的视频进行播放与编辑操作的方法，使视频更加符合用户的需求。

6.4.1 实时屏幕捕获

在会声会影2018中，可以直接从与计算机连接的摄像头捕获视频，也可以将网络中的游戏竞技、体育赛事捕获下来，并在会声会影中进行剪辑、制作及分享。

在会声会影2018工作界面中，单击顶部的"捕获"按钮，切换至"捕获"面板，如图6-41所示。在"捕获"面板中单击"实时屏幕捕获"按钮 ，如图6-42所示。

图6-41

图6-42

执行操作后，弹出屏幕捕获定界框，如图6-43所示。将鼠标指针放在捕获框的四周，当鼠标指针

变成双向箭头时，拖曳鼠标即可调整捕获框的大小，如图6-44所示。

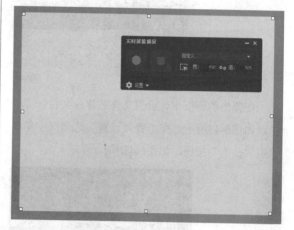

图6-43

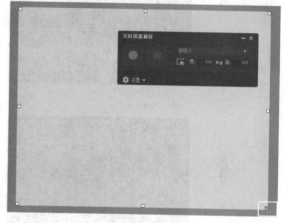

图6-44

选中中心控制点，调整捕获窗口的位置，如图6-45所示。单击"设置"按钮，查看更多设置，如图6-46所示。

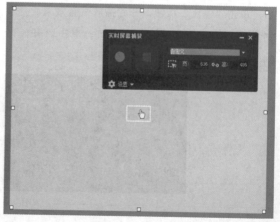

图6-45

图6-46

在弹出的面板中，设置文件名称及文件保存路径，如图6-47所示。在"音频设置"选项区中单击"声效检查"按钮，如图6-48所示。

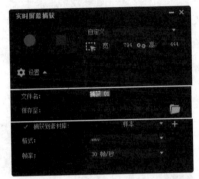

图6-47

图6-48

单击"记录"按钮，如图6-49所示。试音完成后，单击"停止"按钮，开始播放试音效果。播放完成后，关闭"声效检查"窗口。单击"开始录制"按钮，如图6-50所示。

图6-49

图6-50

3秒倒计时过后，开始录制视频。按快捷键F10停止录制，弹出提示对话框，如图6-51所示。单击"确定"按钮，在会声会影的素材库中可查看捕获到的屏幕视频。

图 6-51

6.4.2　更改视频的区间长度

在会声会影2018中，更改视频动画的区间，是指调整动画的时间长度。用户可以将绘制的图形设置为动画模式，视频文件主要还是在动态模式下手绘创建的。

执行"工具"|"绘图创建器"命令，进入"绘图创建器"窗口，选择需要更改区间的视频动画，在动画文件上单击鼠标右键，在弹出的快捷菜单中选择"更改区间"命令，如图6-52所示。

图6-52

执行操作后，弹出"区间"对话框，在"区间"数值框中输入数值，如图6-53所示。单击"确定"按钮，即可更改视频文件的区间长度。

图6-53

6.4.3 将视频转换为静态图像

在"绘图创建器"窗口中的动画类型列表中，用户可以将视频动画转换为静态图像。

进入"绘图创建器"窗口，在动画类型列表中任意选择一个视频动画文件，单击鼠标右键，在弹出的快捷菜单中选择"将动画效果转换为静态"命令，如图6-54所示。执行操作后，即可在动画类型列表中看到转换为静态图像的文件，如图6-55所示。

图6-54

图6-55

6.4.4 删除录制的视频文件

在"绘图创建器"窗口中，如果用户对于录制的视频动画文件不满意，可以将录制完成的视频文件删除。

进入"绘图创建器"窗口，选择需要删除的视频动画文件并单击鼠标右键，在弹出的快捷菜单中选择"删除画廊条目"命令。即可删除选择的视频动画文件。

6.4.5 课堂案例——录制视频文件

实例效果	实例文件\第6章\6.4.5\录制视频文件.VSP
素材位置	无
在线视频	第6章\6.4.5
实用指数	★★★★
技术掌握	掌握录制视频的方法

在会声会影2018中，只有在动画模式下，才能对绘制图形的过程进行录制，然后创建为视频文件。本案例将使用"绘图创建器"窗口录制动画视频。

01 在会声会影2018工作界面中，执行"工具"|"绘图创建器"命令，进入"绘图创建器"窗口，如图6-56所示。

02 单击左下方的"更改为'动画'或'静态'模式"按钮 ，在弹出的下列菜单中选择"动画模式"命令，应用动画模式，如图6-57所示。

图6-56

图6-57

03 在工具栏的右侧单击"开始录制"按钮，开始录制视频文件，如图6-58所示。

图6-58

04 选择画笔工具，设置合适的画笔颜色，在预览窗口中绘制一个图形。绘制完成后，单击"停止录制"按钮，如图6-59所示。

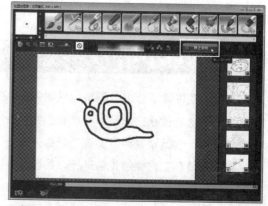
图6-59

05 执行上述操作后，即可停止视频的录制，绘制的图形即可自动保存到动画类型列表中，如图6-60所示。

图6-60

06 在工具栏右侧单击"播放选中的画廊条目"按钮，如图6-61所示。

图6-61

07 执行操作后，即可播放录制完成的视频，如图6-62所示。

图6-62

6.5 本章小结

　　本章主要讲解了会声会影2018视频素材的捕获操作。在进行捕获操作前，用户需掌握一系列的系统设置，包括设置声音参数、查看磁盘空间等，以确保捕获工作能够正常进行。结合会声会影2018的视频捕获功能，我们可以轻松地捕获DV摄像机、高清数字摄像机、手机等设备中的视频

素材，并将其导入会声会影的时间轴面板进行视频的编辑和处理。

6.6 课后习题

6.6.1 从移动设备捕获视频

实例效果 课后习题\第6章\6.6.1\从移动设备捕获视频.VSP

素材位置 课后习题\第6章\6.6.1\素材

在线视频 第6章\6.6.1

实用指数 ★★★★★

技术掌握 捕获移动设备中视频素材的方法

　　在日常生活中，常见的移动设备有手机、平板电脑和数字摄像机等。本习题将练习从移动设备中捕获视频的操作方法，如图6-63所示。

图 6-63

　　步骤分解如图6-64所示。

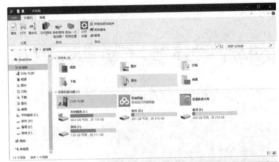

图 6-64

6.6.2 制作动画视频素材

实例效果 课后习题\第6章\6.6.2\制作动画视频素材.VSP
素材位置 无
在线视频 第6章\6.6.2
实用指数 ★★★★
技术掌握 掌握绘图创建器的使用方法

　　本习题将进一步练习会声会影2018绘图创建器的使用，在动画模式下，对绘制图形的过程进行录制，并创建为视频文件，如图6-65所示。

图 6-65

步骤分解如图 6-66所示。

图 6-66

第7章

素材的编辑与调整

---------------- 内容摘要 ----------------

　　不论是素材库中的内置素材，还是导入的外部素材，都只是一个完整作品的原材料，我们需要不断地调整、完善，才能使作品兼具完整性和美观性。我们必须掌握素材的一些基本编辑与调整方法，才能打造出合乎心意的影片。

课堂学习目标

- 掌握编辑影片素材的方法
- 掌握调整影片素材的方法
- 掌握校正素材画面颜色的方法

7.1　编辑影片素材

在会声会影2018中对视频素材进行编辑时，可根据编辑需求对视频轨中的素材进行相应的管理，如选择、删除和移动等操作。本节将讲解编辑影片素材的一些基本操作方法。

7.1.1　选取素材文件

在使用会声会影2018编辑素材之前，需要先选取相应的视频素材。选取素材是视频编辑和处理的前提，用户可以根据需求选择单个素材文件或多个素材文件。

1. 选择单个素材文件

选择单个素材文件的方法很简单，将鼠标指针移至需要选择的素材缩略图上方，此时鼠标指针呈十字箭头形状，如图7-1所示。单击即可选择该视频素材，被选择的素材四周显示黄色边框，如图7-2所示。

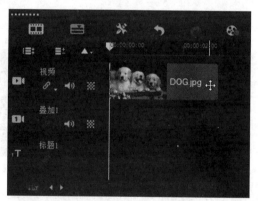

图7-1

图7-2

2. 选择多个视频素材

在会声会影2018中，用户可根据需求，选择多个连续的素材文件，并进行相关编辑操作。

选择多个连续的素材文件的方法很简单。首先单击第一个素材，如图7-3所示。

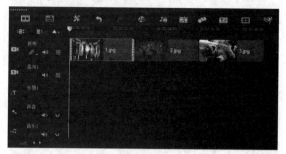

图7-3

按住Shift键的同时单击最后一个素材，此时两个素材之间的所有素材都将被选中。被选中的素材四周显示黄色边框，如图7-4所示。

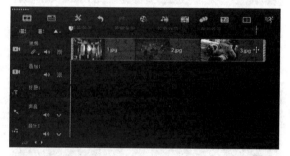

图7-4

7.1.2　课堂案例——移动素材文件

实例效果	实例文件\第7章\7.1.2\移动素材文件.VSP
素材位置	实例文件\第7章\7.1.2\素材
在线视频	第7章\7.1.2
实用指数	★★★★★
技术掌握	通过移动素材改变播放顺序

如果用户对视频轨中素材的位置和顺序不满意，可以通过移动素材的方式调整素材的播放顺序。

01 在会声会影2018工作界面中，执行"文件"|"打开项目"命令，打开素材文件夹中的"花韵.VSP"文件，如图7-5所示。

图 7-5

02 在时间轴面板中选中"荷花.jpg"素材,如图 7-6所示。

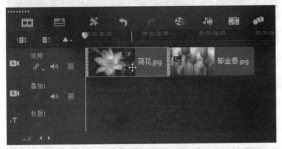

图 7-6

03 按住鼠标左键,将选取的素材向后拖曳至"郁金香.jpg"素材的后方,如图 7-7所示。

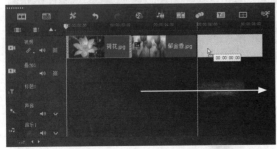

图 7-7

04 释放鼠标左键,即可交换两段素材的播放顺序,如图7-8所示。

图 7-8

7.1.3 删除素材文件

当时间轴面板中的素材不符合用户的要求时,可以将不需要的素材删除。下面介绍删除素材的几种操作方法。

1. 通过快捷菜单删除素材

在时间轴面板中选择需要删除的素材,如图7-9所示。单击鼠标右键,在弹出的快捷菜单中选择"删除"命令,如图7-10所示。

图7-9

图7-10

执行操作后,即可在时间轴面板中删除选择的视频素材,结果如图 7-11所示。

图 7-11

2. 通过菜单命令删除素材

在时间轴面板中选择需要删除的素材后，在菜单栏中执行"编辑"|"删除"命令，如图7-12所示，即可删除选择的素材文件。

图7-12

技巧与提示

选择需要删除的素材后，按键盘上的Delete键，可以快速删除选中的素材。

7.1.4 课堂案例——替换素材文件

实例效果	实例文件\第7章\7.1.4\替换素材文件.VSP
素材位置	实例文件\第7章\7.1.4\素材
在线视频	第7章\7.1.4
实用指数	★★★★
技术掌握	替换素材

在会声会影2018中，如果用户对制作的视频画面不满意，可将不满意的素材替换掉。

01 在会声会影2018工作界面中，执行"文件"|"打开项目"命令，打开素材文件夹中的"水墨.VSP"文件，如图7-13所示。

图7-13

02 在时间轴面板中选择需要进行替换的素材"文字.jpg"，如图7-14所示。

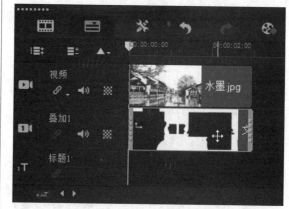

图7-14

03 在视频素材上单击鼠标右键，在弹出的快捷菜单中选择"替换素材"|"照片"命令，如图7-15所示。

图7-15

04 执行上述操作后，弹出"替换/重新链接素材"对话框，在其中选择素材文件夹中的"替换文字.png"素材，如图7-16所示。

图7-16

技巧与提示

　　如果用户需要替换的是视频素材，则在快捷菜单中选择"替换素材"|"视频"命令。

05 单击"打开"按钮，即可替换时间轴面板中的素材文件，如图7-17所示。

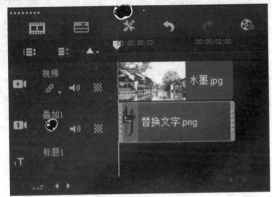

图7-17

06 在预览窗口中拖曳调整素材的大小及位置，使其适配整体画面，如图7-18所示。

图7-18

　　替换素材后的最终效果如图 7-19所示。

图 7-19

7.1.5　复制时间轴素材文件

　　如果用户需要制作多个相同的视频画面，时可以使用复制功能，对视频画面进行多次复制操作，这样可以提高制作视频的效率。

　　在视频轨中选择需要复制的素材，如图7-20所示。在菜单栏中执行"编辑"|"复制"命令，或按快捷键Ctrl+C，对选中的素材进行复制，如图7-21所示。

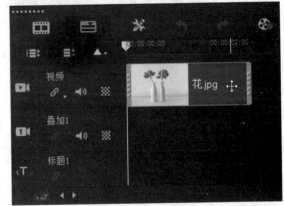

图7-20

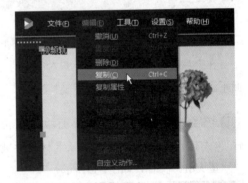

图7-21

　　在视频轨中向右移动鼠标，此时鼠标指针处出现白色色块，表示素材将要粘贴的位置，如图7-22所示。

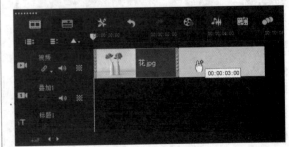

图 7-22

在合适的位置上单击，即可粘贴之前复制的素材，如图7-23所示。

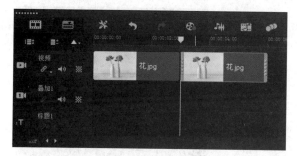

图 7-23

7.1.6 复制素材属性

如果用户需要制作多种相同的视频特效，可以将已经制作好的特效直接复制并粘贴到其他素材上。在视频轨中选择需要复制属性的素材，如图7-24所示。

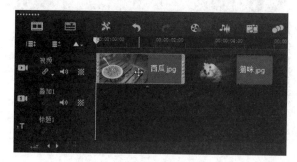

图 7-24

在菜单栏中执行"编辑"|"复制属性"命令，如图7-25所示。

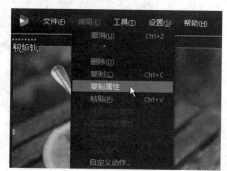

图 7-25

执行操作后，即可复制素材的属性，在视频轨中选择需要粘贴属性的素材文件，如图7-26所示。

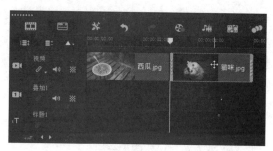

图 7-26

在菜单栏中执行"编辑"|"粘贴所有属性"命令，如图7-27所示，即可粘贴素材的所有特效属性，如图7-28所示。

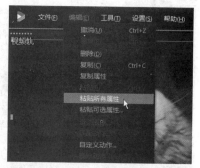

图7-27

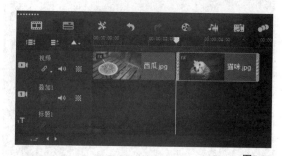

图7-28

技巧与提示

在进行素材的属性复制操作前，请确保该素材进行过调整操作，例如，添加特殊效果、滤镜和大小调整等。

7.1.7 课堂案例——粘贴可选素材属性

实例效果	实例文件\第7章\7.1.7粘贴可选素材属性.VSP
素材位置	实例文件\第7章\7.1.7素材
在线视频	第7章\7.1.7

实用指数 ★★★★

技术掌握 选择属性进行粘贴

用户制作视频的过程中，可以将所选素材的特效有选择地粘贴至其他素材上，以节省重复操作的时间。

01 在会声会影2018工作界面中，执行"文件"|"打开项目"命令，打开素材文件夹中的"色彩.VSP"文件，如图7-29所示。

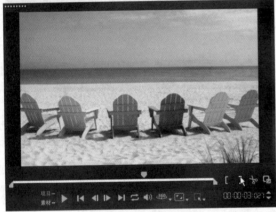

图 7-29

02 在视频轨中选择需要复制属性的素材文件，如图 7-30所示。

图 7-30

03 在菜单栏中执行"编辑"|"复制属性"命令，如图7-31所示。

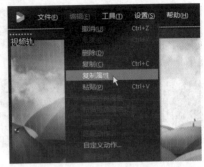

图7-31

04 执行操作后，即可复制素材的属性。此时，在视频轨中选择需要粘贴可选属性的素材文件，如图7-32所示。

图7-32

05 在菜单栏中执行"编辑"|"粘贴可选属性"命令，如图7-33所示。

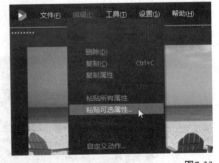

图7-33

06 执行上述操作后，弹出"粘贴可选属性"对话框，在其中取消选择"全部"复选框，然后在下方选中需要粘贴的属性所对应的复选框，如图7-34所示。

图7-34

⑦选择完成后，单击"确定"按钮，即可粘贴素材的可选属性，在导览面板中单击"播放"按钮，预览粘贴可选属性后的视频画面效果，如图7-35所示。

图 7-35

7.2 调整影片素材

会声会影2018中有一个功能强大的素材库，用户可以自行创建素材库，并将照片、视频或音频拖曳至所创建的素材库中。会声会影2018素材库中包含了各种媒体素材、标题及特效等，用户可根据需要选择相应的素材进行各项编辑操作。

7.2.1 设置素材显示模式

会声会影2018中包含3种素材显示模式，分别是"仅略图"显示模式"仅文件名"显示模式及"略图和文件名"显示模式，下面将进行详细介绍。

在时间轴面板的视频轨中插入素材，如图7-36所示。此时，视频轨中的素材是以缩略图和文件名的方式显示的，在菜单栏中执行"设置"|"参数选择"命令，如图7-37所示。

图7-36

图7-37

弹出"参数选择"对话框，在"素材显示模式"下拉列表中可以看到"仅略图""仅文件名""略图和文件名"3个选项，如图7-38所示。

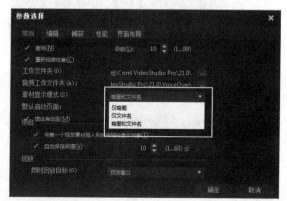

图7-38

在下拉列表中选择任意一种显示模式，单击"确定"按钮，即可在时间轴面板中应用对应的素材显示模式，如图7-39所示。

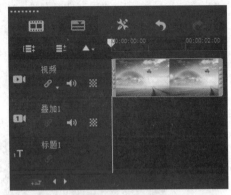

"仅略图"显示模式

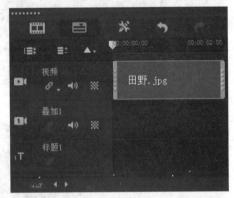

"仅文件名"显示模式

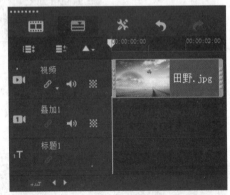

"略图和文件名"显示模式

图 7-39

7.2.2 设置素材的排序方式

在进行视频编辑时，用户可以选择适合自己的素材排序方式来提升素材选取的效率。本节将讲解几种常用的素材排序方法。

1. 按名称排序

按名称排序是指按照素材的名称排列媒体素材。单击素材库上方的"对素材库中的素材排序"按钮，在弹出的下拉菜单中选择"按名称排序"命令，如图7-40所示。执行上述操作后，素材库中的素材即按照名称进行排序，如图7-41所示。

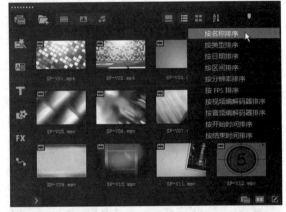

图7-40

图7-41

2. 按类型排序

按类型排序是指按照素材的类型排列媒体素材。单击素材库上方的"对素材库中的素材排序"按钮，在弹出的下拉菜单中选择"按类型排序"命令，如图7-42所示。执行上述操作后，素材库中的素材将按照类型进行排序，如图7-43所示。

图7-42

图7-43

3. 按日期排序

按日期排序是指按照素材的使用与编辑日期排列媒体素材。单击素材库上方的"对素材库中的素材排序"按钮 ，在弹出的下拉菜单中选择"按日期排序"命令，如图7-44所示。执行上述操作后，素材库中的素材将按照使用日期进行排序，如图7-45所示。

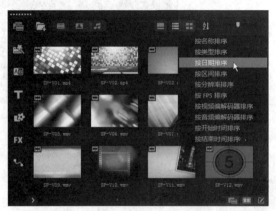

图7-44

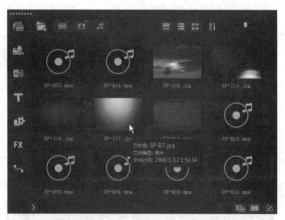

图7-45

7.2.3　课堂案例——设置素材的回放

实例效果	实例文件\第7章\7.2.3\设置素材的回放.VSP
素材位置	实例文件\第7章\7.2.3\素材
在线视频	第7章\7.2.3
实用指数	★★★
技术掌握	将视频素材回放的方法

经常可以在电影中看到打碎的镜子复原或者泼出去的水收回来的效果，在会声会影中也能轻松地制作出这种效果。

01 在会声会影2018工作界面中，执行"文件"|"打开项目"命令，打开素材文件夹中的"游乐.VSP"文件，如图7-46所示。

图7-46

02 在时间轴面板中的视频素材上单击鼠标右键，在弹出的快捷菜单中选择"复制"命令，如图7-47所示。

图7-47

03 移动鼠标指针到要粘贴视频素材的位置，当鼠标指针变成小手形状时单击，即可粘贴视频，如图7-48所示。

图7-48

04 打开粘贴的素材的"编辑"选项面板，在其中选中"反转视频"复选框，如图7-49所示。

图7-49

05 执行上述操作后，单击导览面板中的"播放"按钮，即可预览视频回放效果，如图 7-50 所示。

图 7-50

7.2.4　课堂案例——对素材进行变形

实例效果	实例文件\第7章\7.2.4\对素材进行变形.VSP
素材位置	实例文件\第7章\7.2.4\素材
在线视频	第7章\7.2.4
实用指数	★★★★★
技术掌握	自由变换素材

在会声会影2018中，除了可以调整素材的大小外，还可以任意倾斜或扭曲素材。

01 在会声会影2018工作界面中，执行"文件"|"打开项目"命令，打开素材文件夹中的"装饰画.VSP"文件，如图7-51所示。

图7-51

02 在时间轴面板中选择需要变形的覆叠素材"森林.jpg"，如图7-52所示。

图7-52

03 在预览窗口中，将鼠标指针移至素材左下角的绿色节点上，按住鼠标左键并向下方拖曳，如图7-53所示。拖曳到合适位置后，释放鼠标左键，即可调整素材左下角节点的位置，如图7-54所示。

图7-53

图7-54

04 将鼠标指针移至图像右下角的节点上，按住鼠标左键并向下方拖曳，拖曳至合适位置后释放鼠标左键，即可调整右下角节点的位置，如图7-55和图7-56所示。

图7-55

05 用同样的方法，将"森林.jpg"素材顶部的

两个节点调整到合适的位置（与外框对齐），如图7-57所示。

图7-56

图7-57

06 执行上述操作后，即可完成素材的变形操作，单击导览面板中的"播放"按钮，即可预览最终效果，如图7-58所示。

图7-58

113

7.2.5 分离视频与音频

在进行视频编辑处理时，如果需要对视频素材的声音或画面进行单独调整或分割，可以将视频素材的画面与声音进行分离操作，使它们各自成为单独的部分，然后进行修改或替换。例如，将采集视频的嘈杂人声替换成轻音乐。

选中视频轨道中的视频素材，单击鼠标右键，在弹出的快捷菜单中选择"分离音频"命令，如图7-59所示。执行操作后，即可将视频与音频分离，如图7-60所示。

图7-59

图7-60

技巧与提示

将视音频分离后，用户可以对视频画面进行单独的剪辑、重组，或对音频素材进行替换等，使作品更加完善和丰富。

7.3 素材画面色彩校正

会声会影2018提供了专业的色彩校正功能，可以轻松调整素材的亮度、对比度及饱和度等，甚至可以将影片调成具有艺术效果的色彩。本节主要讲解对素材进行色彩校正的操作方法。

7.3.1 调整图像色调

如果用户对素材的色调不满意，可以在会声会影中对素材画面的色调进行调整。

在时间轴面板中插入素材，效果如图7-61所示。打开"校正"选项面板，在其中展开"色彩校正"选项栏，如图7-62所示。

图7-61

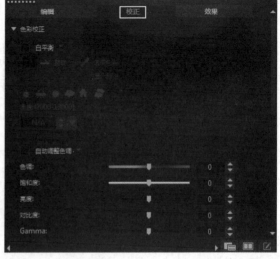

图7-62

拖曳"色调"滑块，或在文本框中输入数值，如图7-63所示，即可调整素材画面的色调，如图7-64所示。

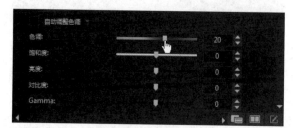

图7-63

图7-64

7.3.2　课堂案例——自动调整色调

实例效果	实例文件\第7章\7.3.2\自动调整色调.VSP
素材位置	实例文件\第7章\7.3.2\素材
在线视频	第7章\7.3.2
实用指数	★★★
技术掌握	掌握自动调整素材画面色调的方法

用户可以运用会声会影2018中自动调整素材画面的色调。下面介绍自动调整素材色调的操作方法。

01 在会声会影2018工作界面中，执行"文件"|"打开项目"命令，打开素材文件夹中的

"花.VSP"文件，如图7-65所示。

图7-65

02 在时间轴面板中选择素材，打开"校正"选项面板，在其中展开"色彩校正"选项栏，如图7-66所示。

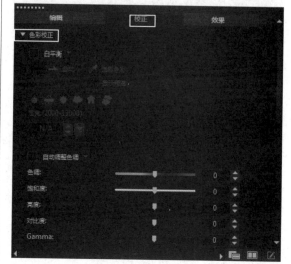

图7-66

03 在"色彩校正"选项栏中，选中"自动调整色调"复选框，如图7-67所示。

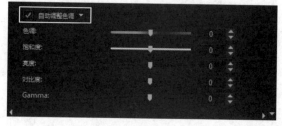

图7-67

04 执行操作后，软件即可自动调整素材画面的色调，如图7-68所示。

图7-68

05 单击"自动调整色调"复选框右侧的下拉按钮，弹出下拉菜单，如图 7-69所示。

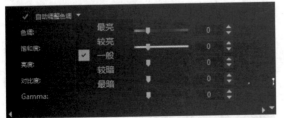

图 7-69

技巧与提示

"自动调整色调"下拉菜单中包含5个不同的选项，分别为"最亮""较亮""一般""较暗"和"最暗"。默认情况下，软件将使用"一般"选项自动调整素材色调。

06 在"自动调整色调"下拉菜单中分别选择不同的色调选项，应用效果如图 7-70所示。

最亮
图7-70

较亮

较暗

最暗
图 7-70（续）

7.3.3 课堂案例——调整图像饱和度

实例效果	实例文件\第7章\7.3.3\调整图像饱和度.VSP
素材位置	实例文件\第7章\7.3.3\素材
在线视频	第7章\7.3.3
实用指数	★★★★
技术掌握	掌握调整素材图像饱和度的方法

在会声会影2018中使用饱和度功能，既可以调整单个颜色分量的色相、饱和度和亮度值，还可以同步调整照片中所有的颜色。

01 在会声会影2018工作界面中，执行"文件"|"打开项目"命令，打开素材文件夹中的"蝴蝶.VSP"文件，如图7-71所示。

图7-71

02 在时间轴面板中选择素材，打开"校正"选项面板，在其中展开"色彩校正"选项栏，如图7-72所示。

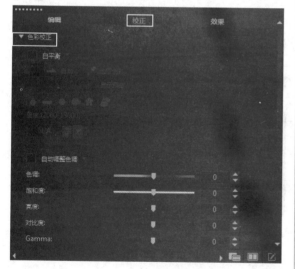

图7-72

03 在"色彩校正"选项栏中，拖曳"饱和度"滑块，调整参数为30，如图7-73所示。

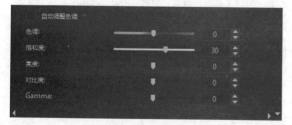

图7-73

04 执行操作后，素材画面的饱和度即被提高，如图7-74所示。

图7-74

技巧与提示

在"校正"选项面板中设置"饱和度"参数时，参数值设置得越低，图像画面的色彩越暗淡；参数值设置得越高，图像颜色越鲜艳，画面色彩感越强。如果需要去除视频画面中的色彩，可将"饱和度"参数值设置为–100。

7.3.4　调整图像亮度

当素材画面过暗或过亮时，可在"校正"选项面板中调整画面亮度值。

在时间轴面板中插入素材，效果如图7-75所示，可以看出该素材画面过暗。打开"校正"选项面板，在其中展开"色彩校正"选项栏，向右拖曳"亮度"滑块，或在文本框中输入数值60，如图7-76所示，使素材画面的亮度提高，效果如图7-77所示。

图7-75

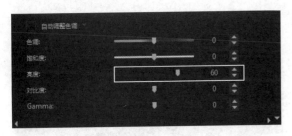

图7-76

图7-77

　　如果需要校正画面偏亮的素材，则向左拖曳"亮度"滑块，以降低画面亮度值。

技巧与提示

　　亮度是指颜色的明暗程度，它通常使用–100～100之间的整数来度量。在正常光线下照射的色相，被定义为标准色相。一些亮度高于标准色相的，称为该色相的亮部；反之，称为该色相的阴影。

7.3.5　调整图像对比度

　　对比度是指图像中阴暗区域最亮的白与最暗的黑之间不同亮度范围的差异。在会声会影2018中，用户可以轻松对素材的对比度进行调整。

　　在时间轴面板中插入素材，效果如图7-78所示。打开"校正"选项面板，在其中展开"色彩校正"选项栏，向右拖曳"对比度"滑块，或在

文本框中输入数值45，如图7-79所示。

图7-78

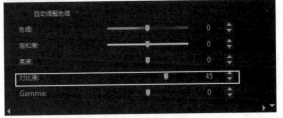

图7-79

　　执行操作后，即可增强素材画面的对比度，如图7-80所示。

图 7-80

技巧与提示

　　在会声会影2018中，"对比度"选项用于调整素材的对比度，取值范围为–100～100的整数。数值越高，素材对比度越大；反之，则素材的对比度越小。

7.3.6　调整图像Gamma值

　　在会声会影2018中，用户可以通过设置Gamma值来更改画面的色彩灰阶，使素材画面所呈现的效果更加细腻。

打开"校正"选项面板，在其中展开"色彩校正"选项栏，拖曳"Gamma"滑块，或在文本框中输入数值，即可调整图像的Gamma色调，如图7-81所示。

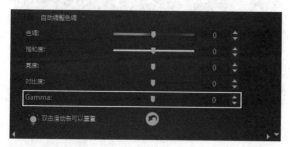

图7-81

技巧与提示

在"校正"选项面板中调整素材画面各颜色参数时，如需返回默认值，可使用两种方法，第一种方法是双击"色调"滑块，第二种方法是单击面板右下角的"将滑动条重置为默认值"按钮 ◎

7.3.7　调整图像白平衡

在会声会影2018中，用户可以通过调整图像素材和视频素材的白平衡，使画面达到不同的色调效果。

在时间轴面板中插入素材，如图7-82所示。打开"校正"选项面板，在其中展开"色彩校正"选项栏，选中"白平衡"复选框，如图7-83所示，其中包含了几种不同的白平衡效果。

图7-82

图7-83

各种白平衡效果的含义如下。

- ● "钨光"效果："钨光"也称为"白炽灯"或"室内光"，可用来修正偏黄或者偏红的画面，一般适用于在钨光灯环境下拍摄的照片或视频素材。其对应温度值为2800。

- ● "荧光"效果："荧光"效果适合在荧光下做白平衡调节。其对应温度值为3800。

- ● "日光"效果："日光"效果可以修正色调偏红的照片或视频素材，一般适用于灯光夜景、日出、日落及焰火等素材。其对应温度值为5500。

- ● "云彩"效果："云彩"效果可以使素材画面呈现偏黄的暖色调，同时可以修正偏蓝的照片。其对应温度值为6500。

- ● "阴影"效果："阴影"效果可用于消除素材画面中阴影特有的冷调。其对应温度值为7500。

- ● "阴暗"效果："阴暗"效果可用来修正阴雨天环境下拍摄素材的画面。其对应温度值为13000。

应用不同白平衡效果后得到的图像效果如图7-84所示。

"钨光"效果

图7-84

"荧光"效果

"阴暗"效果

图 7-84（续）

在"校正"选项面板的"白平衡"选项区中，用户还可以手动选取色彩来设置素材画面的白平衡效果。在"白平衡"选项区中，单击"选取色彩"按钮 ![选取色彩]，在预览窗口中需要的颜色上单击，如图7-85所示，即可吸取颜色，并用吸取的颜色改变素材画面的白平衡效果，如图7-86所示。

"日光"效果

"云彩"效果

图7-85

"阴影"效果

图7-86

手动吸取画面颜色后，选中"显示预览"复选框，选项面板的右侧将显示素材画面的原图，预览窗口中显示素材画面添加白平衡后的效果，用户可以查看图像对比效果。

7.4 本章小结

本章主要学习了在会声会影2018中编辑影片素材的一些基本方法，包括素材的选取、删除、替换、粘贴属性等；学习了调整影片素材的基本操作，包括设置素材显示模式、设置素材排序方式、素材的回放与变形，以及分离素材视音频；学习了素材画面校正的一些方法，会声会影2018提供了专业的颜色校正面板，能让用户自由地调整影片的颜色参数，使画面更加精细和完美。认真学习本章内容，相信对之后的视频编辑工作会有很大的帮助。

7.5 课后习题

7.5.1 制作画中画效果

实例效果 课后习题\第7章\7.5.1\制作画中画效果.VSP

素材位置 课后习题\第7章\7.5.1\素材

在线视频 第7章\7.5.1

实用指数 ★★★★

技术掌握 掌握编辑影片素材的基本操作方法

本习题将打造一个画中画视频。在"效果"选项面板中单击"对齐选项"按钮，弹出的下拉列表中包含了3种不同类型的对齐方式，用户可根据需要进行相应设置。最终效果如图7-87所示。

图 7-87

步骤分解如图7-88所示。

图 7-88

7.5.2 替换视频背景音乐

实例效果 课后习题\第7章\7.5.2\替换视频背景音乐.VSP

素材位置 课后习题\第7章\7.5.2\素材

在线视频 第7章\7.5.2

实用指数 ★★★★★

技术掌握 分离素材视音频

本习题将主要练习如何在时间轴面板中将视频素材的画面与音频分离，并将分离出来的音频进行替换，如图7-89所示。

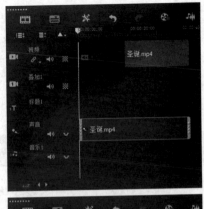

图7-89

步骤分解如图7-90所示。

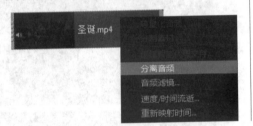

图7-90

第8章

剪辑视频素材

--- 内容摘要 ---

完成视频素材的堆叠和处理后，还需要对视频素材进行一些精剪处理，这样才能让视频效果最大化。本章将详细讲解在会声会影2018中，如何对素材进行场景分割、修剪等操作。

课堂学习目标

- 掌握剪辑视频素材的多种方法
- 掌握分割视频画面的方法
- 掌握多重修整视频素材的方法
- 掌握剪辑单一素材的方法

8.1 素材剪辑的多种方式

剪辑在视频制作中起着极为重要的作用。通过剪辑，用户可以去除视频素材中不需要的部分，并将最精彩的部分应用到影片中。掌握一些常用的剪辑手法，有助于我们制作出更为流畅和完美的影片。

8.1.1 用按钮剪辑视频

在会声会影2018中，用户可以使用导览面板中的 按钮剪辑视频素材。

在时间轴面板中插入一段视频素材，如图8-1所示。将时间线移到00:00:02:00位置，如图8-2所示。

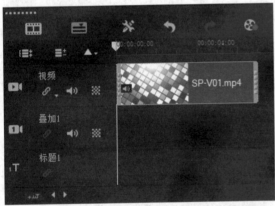

图8-1

图8-2

在素材选取状态下，单击导览面板中的 按钮，如图8-3所示。执行操作后，即可将视频素材分割为两段，如图8-4所示。

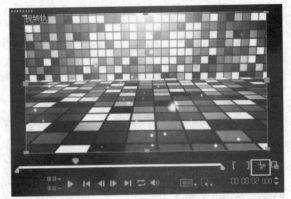

图8-3

图8-4

8.1.2 用时间轴剪辑视频

在会声会影2018中，通过时间轴剪辑视频素材也是一种常用方法。该方法主要通过"开始标记"按钮和"结束标记"按钮来实现对视频素材的剪辑操作。

在时间轴面板中插入一段视频素材，如图8-5所示。将时间线移到00:00:02:00位置，如图8-6所示。

图8-5

图8-6

在素材选取状态下，单击导览面板中的"开始标记"按钮█，如图8-7所示。此时，时间轴上方会显示一条橘红色线条，如图8-8所示。

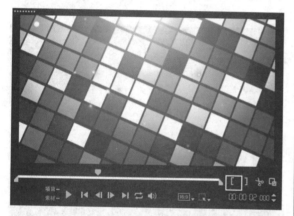

图8-7

图8-8

在时间轴面板中，将时间线移至00:00:04:00位置，如图8-9所示。

在导览面板中单击"结束标记"按钮█，确定视频的终点位置，如图8-10所示。此时，视频片段中选定的区域将以橘红色线条表示，如图8-11所示。

图8-9

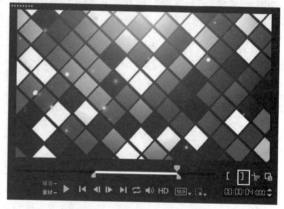

图8-10

图8-11

技巧与提示

在时间轴面板中，将时间线定位到视频片段的相应位置，按F3键，可以快速设置开始标记；按F4键，可以快速设置结束标记。

8.1.3　用修整标记剪辑视频

在时间轴面板中插入一段视频素材，如图8-12所示。在导览面板中，将鼠标指针移至滑轨起始修整标记上，此时鼠标指针呈双向箭头形状，如图8-13所示。

图8-12

图8-13

在起始修整标记上，按住鼠标左键并向右拖曳，至合适位置后释放鼠标左键，即可剪辑视频的起始片段，如图8-14所示。

图8-14

在导览面板中，将鼠标指针移至滑轨结束修整标记上，此时鼠标指针呈双向箭头形状，如图8-15所示。

在结束修整标记上，按住鼠标左键并向左拖曳，至合适位置后释放鼠标左键，即可剪辑视频的结束片段，如图8-16所示。时间轴面板的视频轨中将显示

被修整标记剪辑留下来的视频片段，视频长度也将发生变化，如图8-17所示。

图8-15

图8-16

图8-17

8.1.4　直接拖曳剪辑视频

在会声会影2018中，最直观的视频剪辑方式是在素材缩略图上对视频素材进行剪辑。

在时间轴面板中插入一段视频素材，如图8-18所示。在视频轨中，将鼠标指针移至时间轴面板中的视频素材的末端，此时鼠标指针呈双向箭头形

状，如图8-19所示。

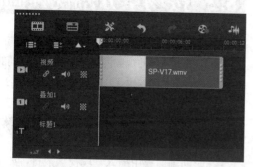

图8-18

图8-19

在视频末端按住鼠标左键并向左拖曳，显示虚线框，表示视频将要剪辑的部分，如图8-20所示。释放鼠标左键，即可剪辑视频末端的片段，如图8-21所示。

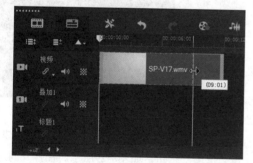

图8-20

图8-21

8.1.5 课堂案例——快速剪辑视频

实例效果	实例文件\第8章\8.1.5\快速剪辑视频.VSP
素材位置	实例文件\第8章\8.1.5\素材
在线视频	第8章\8.1.5
实用指数	★ ★ ★
技术掌握	通过按钮剪辑视频

在会声会影2018中，最快速便捷的剪辑方式就是通过按钮来进行视频剪辑。本案例将对一段视频进行剪辑，将其分割为3部分，以此来练习按钮剪辑这一方法。

01 在会声会影2018工作界面中，执行"文件"|"打开项目"命令，打开素材文件夹中的"向日葵.VSP"文件，如图8-22所示。

图8-22

02 在导览面板中，拖曳标记至00:00:02:00位置，然后单击 ⯮ 按钮标记素材起始位置，如图8-23所示。

图8-23

03 用同样的方法，拖曳标记至00:00:06:00位置，单击 ✂ 按钮设置素材结束点位置，如图8-24所示。

图8-24

04 执行上述操作后，在视频轨中可以看到素材被分割为3部分，如图8-25所示。

图8-25

05 单击导览面板中的"播放"按钮，即可预览视频最终效果，如图8-26所示。

图8-26

8.2 按场景分割视频画面

在会声会影2018中，使用按场景分割功能，可以将不同场景下拍摄的视频内容分割成多个不同的视频片段。本节将详细介绍几种分割视频画面的方法。

8.2.1 在时间轴分割视频场景

在时间轴面板中插入一段视频素材，如图8-27所示。展开"编辑"选项面板，在其中单击"按场景分割"按钮 ⊞，如图8-28所示。

图8-27

图8-28

此时弹出"场景"对话框，在该对话框中单击"选项"按钮，如图8-29所示。在打开的对话框中设置"敏感度"参数为50，如图8-30所示，单击"确定"按钮。

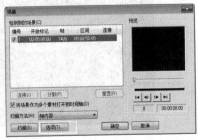

图8-29

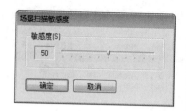

图8-30

图8-32

"场景"对话框中各选项含义如下。

- 连接：可以对多个不同的场景进行连接、合成操作。

- 分割：可以对多个不同的场景进行分割操作。

- 重置：单击该按钮，可以将已经扫描的视频场景恢复到分割前的状态。

- 将场景作为多个素材打开到时间轴：选中该复选框，可以将场景片段作为多个素材插入时间轴面板中进行应用。

- 扫描方法：在该下拉列表框中可以选择视频扫描的方法，默认选项为"帧内容"。

- 扫描：单击该按钮，可以对视频素材进行扫描操作。

- 选项：单击该按钮，可以设置检测视频场景时的敏感度值。

- 预览：在预览区域内，可以预览扫描的视频场景片段。

在"场景"对话框单击"扫描"按钮，根据视频中的场景变化进行扫描，扫描结束后按照编号显示出段落，如图8-31所示。单击"确定"按钮，视频轨中的视频素材就已经按照场景进行分割了，如图8-32所示。

8.2.2 在素材库分割视频场景

在会声会影2018素材库的空白位置处单击鼠标右键，在弹出的快捷菜单中选择"插入媒体文件"命令，如图8-33所示。弹出"浏览媒体文件"对话框，在其中选择需要按场景分割的视频素材，如图8-34所示。

图8-33

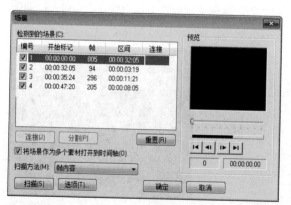

图8-31

图8-34

单击"打开"按钮，即可在素材库中添加选择的视频素材，如图8-35所示。在菜单栏中执行"编辑"|"按场景分割"命令，如图8-36所示。

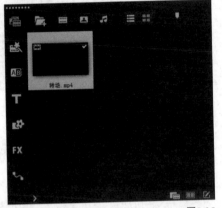

图8-35

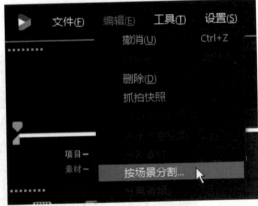

图8-36

执行操作后，弹出"场景"对话框，其中显示了一个视频片段，单击左下角的"扫描"按钮，如图8-37所示。等待片刻，即可扫描出视频中的多个不同场景，如图8-38所示。

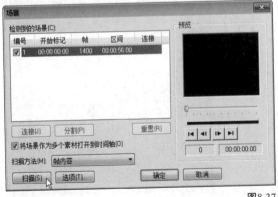

图8-37

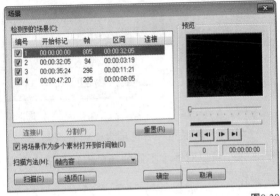

图8-38

执行上述操作后，单击"确定"按钮，即可在素材库中显示按照场景分割的几个视频素材，如图 8-39所示。

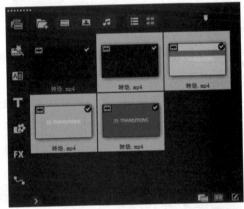

图 8-39

8.2.3 在故事板分割视频场景

在故事板中插入一段视频素材，如图8-40所示。选择需要分割的视频文件，单击鼠标右键，在弹出的快捷菜单中选择"按场景分割"命令，如图8-41所示。

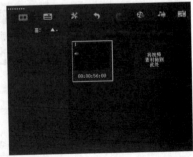

图8-40

图8-41

弹出"场景"对话框，单击"扫描"按钮，如图8-42所示。扫描结束后将按照编号显示出分割的视频片段，如图8-43所示。

图8-42

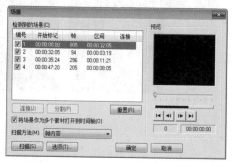

图8-43

单击"确定"按钮，返回会声会影2018工作界面，可以看到在故事板中显示了分割的多个场景片段，如图8-44所示。

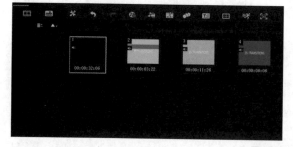

图8-44

8.2.4 课堂案例——分割多段视频

实例效果	实例文件\第8章\8.2.4\分割多段视频.VSP
素材位置	实例文件\第8章\8.2.4\素材
在线视频	第8章\8.2.4
实用指数	★★★★
技术掌握	掌握分割视频画面的方法

用户可以对视频轨中的视频素材进行分割操作，使其变为多个小段的视频，并为每个小段视频制作特效。

01 在会声会影2018工作界面中，执行"文件"|"打开项目"命令，打开素材文件夹中的"雏菊.VSP"文件，如图8-45所示。

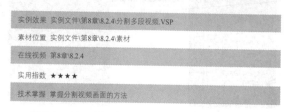

图8-45

02 在视频轨中，将时间线移至00:00:02:00位置，如图8-46所示。

图8-46

03 选中素材，在菜单栏中执行"编辑"|"分割素材"命令，如图8-47所示；或者在视频轨中的视频素材上单击鼠标右键，在弹出的快捷菜单中选择"分割素材"命令，如图8-48所示。

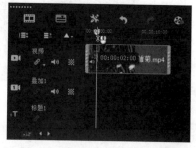

图8-47 　　　　　　　　图8-48

04 执行上述操作后，即可在时间轴面板，对视频素材进行分割操作，分割为两段，如图8-49所示。

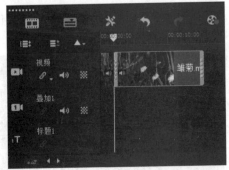

图8-49

05 用同样的方法，在00:00:08:00位置，再次对视频轨中的视频进行分割操作，如图8-50所示。

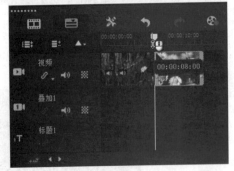

图8-50

06 素材分割完成后，单击导览面板中的"播放"按钮，预览视频效果，如图8-51所示。

图8-51

8.3 视频素材的多重修整

　　如果需要从一段视频中一次修整出多个片段，可以使用"多重修整视频"功能。该功能相对于"按场景分割"功能而言更为灵活，还可以在已经标记了起始点和终点的修整素材上进行更为精细的修整。

8.3.1 多重修整视频命令

　　在多重修整视频之前，需要打开"多重修整视频"对话框，其方法很简单，只需在菜单栏中执行"多重修整视频"命令即可。

　　将视频素材添加至素材库中，然后将素材拖入故事板中，在视频素材上单击鼠标右键，在弹出的快捷菜单中选择"多重修整视频"命令，如图8-52所示，或者在菜单栏中执行"编辑"|"多重修整视频"命令，如图8-53所示。

图8-52 　　　　　　　　图8-53

　　执行操作后，即可弹出"多重修整视频"对话框，拖曳对话框下方的滑块，即可预览视频画面，如图8-54所示。

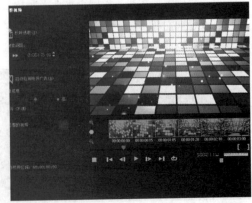

图8-54

"多重修整视频"对话框中各选项含义如下。

- 反转选取██：可以反向选取视频素材的片段。
- 向后搜索██：可以将时间线定位到视频第一帧的位置。
- 向前搜索██：可以将时间线定位到视频最后一帧的位置。
- 自动检测电视广告██：可以自动检测视频片段中的电视广告。
- 检测敏感度：在该选项区中，包含低、中、高3种敏感度设置，用户可根据实际需要进行相应选择。
- 播放修整的视频██：可以播放修整后的视频片段。
- 修整的视频区间：该面板中显示了修整的多个视频片段文件。
- 设置开始标记██：可以设置视频的开始标记位置。
- 设置结束标记██：可以设置视频的结束标记位置。
- 转到特定的时间码██0:00:05:00:██：可以转到特定的时间，在精确剪辑视频帧位置时非常有效。

8.3.2 快速搜索视频间隔

在"多重修整视频"对话框中，设置"快速搜索间隔"为0:00:04:00，如图8-55所示。单击"向前搜索"按钮██，即可快速搜索视频间隔，如图8-56所示。

图8-55

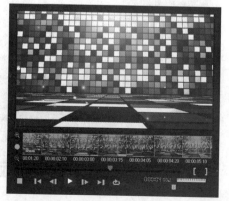

图8-56

8.3.3 标记视频素材片段

在"多重修整视频"对话框中进行相应的设置，可以标记视频片段的起点和终点，以修剪视频素材。在"多重修整视频"对话框中，将滑块拖曳至合适位置后，单击"设置开始标记"按钮██，确定视频的起始点，如图8-57所示。

图8-57

单击导览面板中的"播放"按钮，播放视频素材，至合适位置后单击"暂停"按钮。单击"设置结束标记"按钮██，确定视频的终点，选定的区间即可显示在对话框下方的面板中，完成标记第一个修整片段起点和终点的操作，如图8-58所示。

图8-58

8.3.4 删除所选视频文件

在"多重修整视频"对话框中，将滑块拖曳至合适位置后，单击"设置开始标记"按钮██，然后单击导览面板中的"播放"按钮，查看视频素材，至合适位置后单击"暂停"按钮。单击"设置结束标记"按钮，确定视频的终点位置。此时选定的区间即可显示在对话框下方的"修正的视频区间"面板中，单击面板中的"删除所选素材"按钮，如图8-59所示。

图8-59

8.3.5 课堂案例——修整多个视频片段

实例效果	实例文件\第8章\8.3.5\修整更多视频片段.VSP
素材位置	实例文件\第8章\8.3.5\素材
在线视频	第8章\8.3.5
实用指数	★★★★
技术掌握	修整多个视频片段

在会声会影2018中，用户可以在"多重修整视频"对话框中修整多个视频片段。

01 在会声会影2018工作界面中，执行"文件"|"打开项目"命令，打开素材文件夹中的"鸭子.VSP"文件，如图8-60所示。

图8-60

02 在视频素材上单击鼠标右键，在弹出的快捷菜单中选择"多重修整视频"命令，如图8-61所示。

图8-61

03 执行操作后，弹出"多重修整视频"对话框，在其中单击"设置开始标记"按钮，标记视频的起始位置，如图8-62所示。

图8-62

04 单击"播放"按钮，播放至合适位置后，单击"暂停"按钮。单击"设置结束标记"按钮，选定的区间将显示在对话框下方的面板中，如图8-63所示。

图8-63

05 单击导览面板中的"播放"按钮，查找下一个区间的起始位置，至适当位置后单击"暂停"按钮。单击"设置开始标记"按钮，标记素材开始位置，如图8-64所示。

图8-64

06 单击"播放"按钮，查找区间结束位置，播放到适当位置后单击"设置结束标记"按钮，确定素材结束位置，对话框下方的面板中将显示选定的区间，如图8-65所示。

图8-65

07 单击"确定"按钮，返回会声会影2018工作界面，视频轨中显示了刚剪辑的两个视频片段，如图8-66所示。

图8-66

08 单击导览面板中的"播放"按钮，即可预览视频最终效果，如图8-67所示。

图8-67

技巧与提示

在视频轨中选择需要进行多重修整的视频素材，打开"编辑"选项面板，在其中单击"多重修整视频"按钮，如图8-68所示，同样可以打开"多重修整视频"对话框。

图8-68

8.3.6 课堂案例——精确标记视频片段

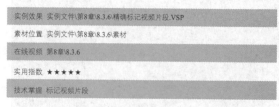

实例效果 实例文件\第8章\8.3.6\精确标记视频片段.VSP

素材位置 实例文件\第8章\8.3.6\素材

在线视频 第8章\8.3.6

实用指数 ★★★★★

技术掌握 标记视频片段

下面将以实例的形式讲解在"多重修整视频"对话框中如何精确标记视频片段。

01 在会声会影2018工作界面中，执行"文件"|"打开项目"命令，打开素材文件夹中的"浣熊.VSP"文件，如图8-69所示。

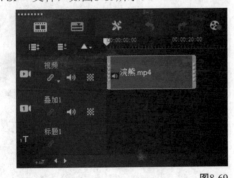

图8-69

02 选择视频轨中的视频素材，在菜单栏中执行"编辑"|"多重修整视频"命令，如图8-70所示。

图8-70

03 执行上述操作后，弹出"多重修整视频"对话框，在其中单击"设置开始标记"按钮，标记视频的起始位置，如图8-71所示。

图8-71

04 在"转到特定的时间码"文本框中输入0:00:04.00，即可将时间线定位到视频中4秒的位置处，如图8-72所示。

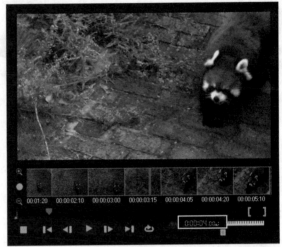

图8-72

05 单击"设置结束标记"按钮，选定的区间将显示在对话框下方的面板中，如图8-73所示。

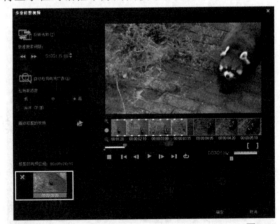

图8-73

06 在"转到特定的时间码"文本框中输入0:00:06.00，即可将时间线定位到视频中6秒的位置处。单击"设置开始标记"按钮，标记第二段视频的起始位置，如图8-74所示。

07 在"转到特定的时间码"文本框中输入0:00:08.00，即可将时间线定位到视频中8秒的位置处。单击"设置结束标记"按钮，标记第二段视频的结束位置，如图8-75所示。

图8-74

图8-75

08 单击"确定"按钮，返回会声会影2018工作界面，视频轨中显示了刚剪辑的两个视频片段，如图8-76所示。

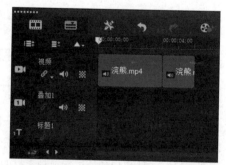

图8-76

09 单击导览面板中的"播放"按钮，即可预览视频最终效果，如图8-77所示。

图 8-77

8.4　剪辑单一素材

在会声会影2018素材库中插入一段视频素材，如图8-78所示。在视频素材上单击鼠标右键，在弹出的快捷菜单中选择"单素材修整"命令，如图8-79所示。

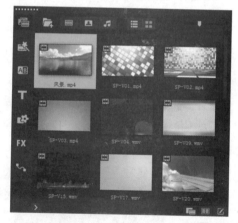

图8-78

图8-79

137

执行操作后，弹出"单素材修整"对话框，在"转到特定的时间码"文本框中输入0:00:03.00，即可将时间线定位到视频中3秒的位置处。单击"设置开始标记"按钮【，标记视频开始位置，如图8-80所示。

图8-80

继续在"转到特定的时间码"文本框中输入0:00:05.00，即可将时间线定位到视频中5秒的位置处，单击"设置结束标记"按钮】，标记视频结束位置，如图8-81所示。视频修剪完成后，单击"确定"按钮，返回会声会影工作界面即可查看修整得到的视频效果，如图8-82所示。

图8-81

图8-82

8.5 本章小结

本章主要带领各位读者学习了在会声会影2018中剪辑视频素材的多种方法。我们学习了如何使用按钮、时间轴、修整标记或直接拖曳这几种常规方法来剪辑视频。掌握这几种常规剪辑手法，可以为我们的剪辑工作打下良好的基础。

我们还学习了按场景分割视频画面、视频素材的多重修整，以及剪辑单一素材。通读本章内容，找到正确的方法去学习剪辑，势必会让之后的视频制作技术变得更加纯熟。

8.6 课后习题

8.6.1 在时间轴中分割视频

实例效果	课后习题\第8章\8.6.1\在时间轴中分割视频.VSP
素材位置	课后习题\第8章\8.6.1\素材
在线视频	第8章\8.6.1
实用指数	★★★★
技术掌握	在时间轴面板分割视频

本练习将在会声会影2018中插入一段风景视频，并在时间轴面板中拖曳时间线确定分割位置，分别在2秒、8秒和12秒处进行视频素材的分割，视频效果如图 8-83所示。

图 8-83

步骤分解如图 8-84 所示。

图 8-84

8.6.2 按场景分割视频

实例效果 课后习题\第8章\8.6.2\按场景分割视频.VSP

素材位置 课后习题\第8章\8.6.2\素材

在线视频 第8章\8.6.2

实用指数 ★★★

技术掌握 将视频素材按场景分割

结合本章所学，使用任意一种方法分割习题中的视频素材，执行按场景分割命令，将其进行自动分割，视频效果如图 8-85 所示。

图 8-85

步骤分解如图 8-86 所示。

图 8-86

第9章

视频转场的应用

内容摘要

转场特效能够使视频中场景的转换更加自然和流畅，在许多优秀的视频作品中，经常能见到精彩的转场特效。本章将详细介绍转场特效的制作与应用。灵活使用转场，能够让视频更加完美。

课堂学习目标

- 了解转场面板
- 掌握转场效果的应用
- 掌握转场效果的设置

9.1 认识转场

镜头之间的过滤或者素材之间的转换称为转场，通过一些特殊的效果，使素材与素材之间产生自然、流畅的过渡。会声会影2018为用户提供了上百种转场效果，运用这些转场效果，可以让素材之间的过渡更加完美，从而制作出绚丽多彩的视频作品。

9.1.1 转场效果概述

每一个非线性编辑软件都很重视视频转场效果的设计，若转场效果运用得当，可以增加影片的观赏性和流畅性，从而提高影片的艺术档次。

在视频编辑中，最常用的切换方法是一个素材与另一个素材紧密连接，实现直接过渡，这种方法称为"硬切换"；另一种方法是通过运用一些特殊效果，在素材与素材之间产生自然、流畅且平滑的过渡，这种方法称为"软切换"如图9-1和图9-2所示。

图9-1

图9-2

9.1.2 "转场"选项面板

"转场"选项面板主要用于编辑视频转场效果，可以调整各转场效果的区间长度，设置转场的边框效果、边框色彩和柔化边缘等属性，如图 9-3 所示。

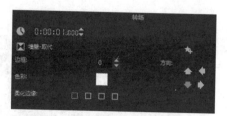

图9-3

下面将对"转场"选项面板中的各选项进行介绍。

1. "区间"数值框

"区间"数值框 用于调整转场播放时间的长度，显示当前转场所需要的播放时间，时间码的数字代表"小时：分钟：秒：帧"。单击数值框右侧的 按钮，可以调整数值的大小，也可以单击时间码的数字，待数字处于闪烁状态时，输入新的数字并按Enter键确认，即可改变原来视频转场的播放时间长度。图9-4和图9-5所示为调整转场效果区间长度前后的对比效果。

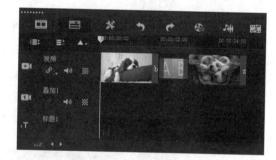

图9-4

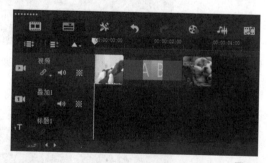

图9-5

除了可以通过"区间"数值框更改转场效果的时间长度，还可以在视频轨中选择需要调整区间的转场效果，将鼠标指针移至右端的黄色竖线上，待指针呈双向箭头形状时，按住鼠标左键向左或向右拖曳，如图9-6所示，以此来手动调整转场的时间长度，如图9-7所示。

图9-6

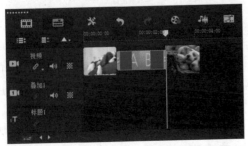

图9-7

2. "边框"数值框

在"边框"数值框中可以输入相应的数值来改变转场边框的宽度，也可以单击其右侧的按钮调整数值的大小。图9-8和图9-9所示为调整转场边框宽度前后的对比效果。

图9-8

图9-9

3. "色彩"色块

单击"色彩"色块，在弹出的颜色面板中，可

以根据需要改变转场边框的颜色。图9-10和图9-11所示为改变转场边框颜色前后的视频画面效果。

图9-10

图9-11

4. "柔化边缘"按钮

该选项组中有4个按钮，代表转场的4种柔化边缘程度，用户可以根据需要单击相应的按钮，设置视频的转场柔化边缘效果。

5. "方向"按钮

单击"方向"选项区中的按钮，可以决定转场效果的播放方向。根据用户添加的转场效果不同，可供使用的转场方向也会不同。图9-12和图9-13所示为"旋转"转场效果的两个方向变化效果图。

图9-12

图9-13

9.2　转场的添加与应用

在会声会影2018中，影片剪辑就是选取要用的视频片段并重新排列组合，而转场就是连接两段视频的方式，所以转场效果的应用在视频编辑领域占有很重要的地位。本节将介绍一些转场的添加与应用方法，希望各位读者能熟练掌握本节内容。

9.2.1　课堂案例——自动添加转场

实例效果	实例文件\第9章\9.2.1\自动添加转场.VSP
素材位置	实例文件\第9章\9.2.1\素材
在线视频	第9章\9.2.1
实用指数	★★★★
技术掌握	掌握自动添加转场效果的方法

自动添加转场效果是指将照片或视频素材导入会声会影项目中时，软件已经在各段素材之间添加了转场效果。当用户需要将大量的静态图像制作成电子相册时，使用自动添加转场效果最为方便快捷。

01 在会声会影2018工作界面中，执行"设置"|"参数选择"命令，如图9-14所示。

图9-14

02 弹出"参数选择"对话框，单击"编辑"标签，如图9-15所示，切换至"编辑"选项卡，在其中选中"自动添加转场效果"复选框，如图9-16所示。

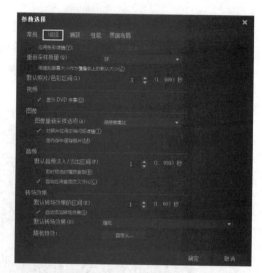
图9-15

图9-16

技巧与提示

选中"自动添加转场效果"复选框后，可以看到默认的转场效果是"随机"。如果用户需要自行设置转场效果，可单击"自定义"按钮，弹出"自定义随机特效"对话框，在中间的下拉列表框中选中所需效果对应的复选框即可，如图9-17所示。

图9-17

143

03 自动转场设置完成后，单击"确定"按钮，返回会声会影2018工作界面。在时间轴面板的空白位置单击鼠标右键，在弹出的快捷菜单中选择"插入照片"命令，如图9-18所示。

图9-18

04 弹出"浏览照片"对话框，在其中选择素材文件夹中的图片素材，如图9-19所示。

图9-19

05 单击"打开"按钮，即可导入媒体素材到视频轨中，可以看到素材之间已经添加了默认的转场效果，如图9-20所示。

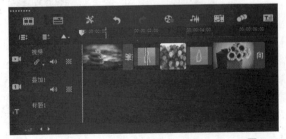

图9-20

06 单击导览面板中的"播放"按钮，即可预览自动添加的转场效果，如图9-21所示。

图9-21

9.2.2 课堂案例——手动添加转场

实例效果	实例文件\第9章\9.2.2\手动添加转场.VSP
素材位置	实例文件\第9章\9.2.2\素材
在线视频	第9章\9.2.2
实用指数	★★★★★
技术掌握	掌握手动添加转场效果的方法

手动添加转场效果是指从"转场"素材库中通过手动拖曳的方式，将转场效果添加至视频轨中的两段素材之间，实现影片播放过程中的柔和过渡。

01 在会声会影2018工作界面中，执行"文件"|"打开项目"命令，打开素材文件夹中的"花.VSP"文件，如图9-22所示。

图9-22

02 在素材库左侧单击"转场"按钮,如图9-23所示。

图9-23

03 单击"转场"素材库上方的"画廊"按钮▼,在弹出的下拉列表中选择"过滤"选项,如图9-24所示。

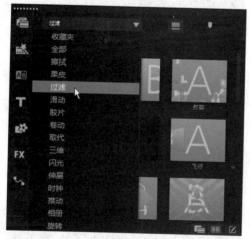

图9-24

技巧与提示

在"转场"素材库中,用户可以将其他类别中常用的转场效果添加至"收藏夹"转场组中,方便以后调用到其他视频素材之间,提高视频编辑效率,具体方法参见9.2.5节。

04 在"过滤"转场组中选择"遮罩"转场效果,如图9-25所示。

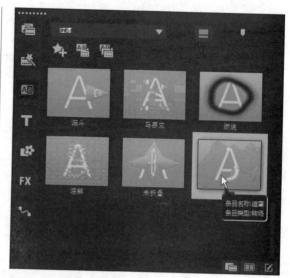

图9-25

05 按住鼠标左键,将选中的转场效果拖曳至视频轨中两个素材图像之间,如图9-26所示。

图9-26

06 释放鼠标左键,即可添加"遮罩"转场效果,如图9-27所示。

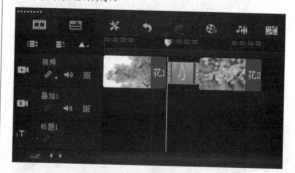

图9-27

07 单击导览面板中的"播放"按钮,即可预览手动添加的转场效果,如图9-28所示。

145

图9-28

9.2.3 对素材应用随机效果

在会声会影2018中，将随机效果应用于整个项目时，程序将随机挑选转场效果，并应用到当前项目的素材之间。

在视频轨中插入两个素材图像，如图9-29所示。

图9-29

在素材库的左侧单击"转场"按钮，切换至"转场"素材库，单击"对视频轨应用随机效果"按钮，如图9-30所示。

图9-30

执行操作后，即可在素材图像之间添加随机转场效果，如图9-31所示。

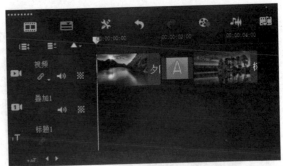

图9-31

单击导览面板中的"播放"按钮，即可预览随机转场效果，如图9-32所示。

图9-32

9.2.4 对素材应用当前效果

单击"对视频轨应用当前效果"按钮，程序将把当前选中的转场效果应用到当前项目的所有素材之间。

在视频轨中插入两个素材图像，如图9-33所示。

图9-33

在素材库的左侧单击"转场"按钮，切换至"转场"素材库，单击素材库上方的"画廊"按钮，在弹出的下拉列表中选择"过滤"选项，如图9-34所示。

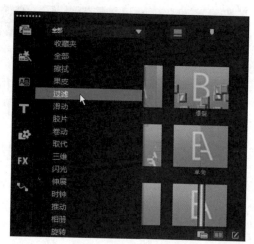

图9-34

打开"过滤"转场组,在其中选择"飞行"转场效果,如图9-35所示。单击素材库上方的"对视频轨应用当前效果"按钮 ⚫,即可在素材图像之间添加转场效果,如图9-36所示。

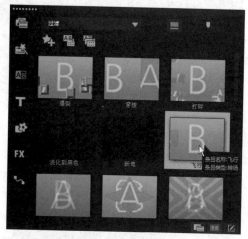

图9-35

图9-36

单击导览面板中的"播放"按钮,即可预览添加的转场效果,如图9-37所示。

图 9-37

9.2.5 添加转场到收藏夹

在会声会影2018中,如果需要经常使用某个转场效果,可以将其添加到"收藏夹"转场组中,方便日后的调用。

在转场特效素材库中的"全部"转场组中选择需要收藏的转场效果,单击鼠标右键,在弹出的快捷菜单中选择"添加到收藏夹"命令,如图9-38所示。执行该操作后,即可收藏转场效果,在"收藏夹"转场组中可预览收藏的转场效果,如图9-39所示。

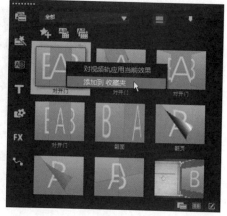

图9-38

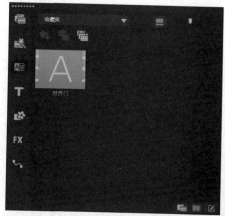

图9-39

9.2.6 从收藏夹中删除转场

将转场效果添加至"收藏夹"转场组后，如果不再需要该转场效果，可以将其从"收藏夹"中删除。

从"收藏夹"转场组中删除转场效果的操作非常简单，首先切换至"转场"素材库，进入"收藏夹"转场组，在其中选择需要删除的转场效果，单击鼠标右键，在弹出的快捷菜单中选择"删除"命令，如图9-40所示。执行操作后，弹出提示信息框，询问是否删除此缩略图，如图9-41所示。单击"是"按钮，即可从"收藏夹"中删除该转场效果。

图9-40

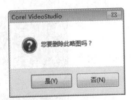

图9-41

9.3 转场的基本操作

在会声会影2018中，用户不仅可以根据自己的意愿快速替换或删除转场效果，还可以将常用的转场效果移动到其他素材之间进行过渡。

9.3.1 替换转场效果

在会声会影2018中，在图像素材之间添加相应的转场效果后，如果对该转场效果不满意，可以对其进行替换。

在时间轴面板中，可以看到素材之间添加好的转场效果，如图9-42所示。

图9-42

在导览面板中单击"播放"按钮，预览现有的转场效果，如图9-43和图9-44所示。

图9-43

图9-44

切换至"转场"素材库，单击"画廊"按钮
▼，在弹出的下拉列表中选择"果皮"选项，如
图9-45所示，打开"果皮"转场组，在其中选择
"交叉"转场效果，如图9-46所示。

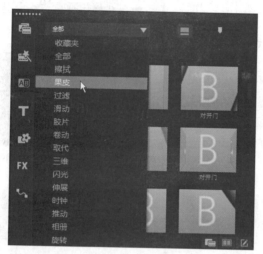

图9-45

图9-46

在选择的转场效果上按住鼠标左键，并将其拖
曳至视频轨中的两幅图像素材之间已有的转场效果
上，如图9-47所示。释放鼠标左键，即可替换之前
添加的转场效果，如图9-48所示。

图9-47

图9-48

在导览面板中单击"播放"按钮，预览替换之
后的转场效果，如图9-49和图9-50所示。

图9-49

图9-50

技巧与提示

在"转场"素材库中选择相应的转场效果后，单击
鼠标右键，在弹出的快捷菜单中选择"对视频轨应用当
前效果"命令，弹出提示信息框，询问用户是否要替换
已添加的转场效果，单击"是"按钮，可以快速替换视
频轨中的转场效果。

9.3.2　移动转场效果

在会声会影2018中，若用户需要调整转场效果
的位置，则可先选择需要移动的转场效果，然后将
其拖曳至合适位置。

执行"文件"|"打开项目"命令，打开一个
项目文件，如图9-51所示。

图9-51

在时间轴面板中选择第1幅图像与第2幅图像之

间的转场效果，按住鼠标左键并将其拖曳至第2幅图像与第3幅图像之间，如图9-52所示。

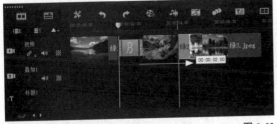

图 9-52

释放鼠标左键，即可移动转场效果，如图 9-53所示。

图 9-53

在导览面板中单击"播放"按钮，预览移动转场效果后的视频画面，如图9-54和图9-55所示。

图9-54

图9-55

9.3.3　删除转场效果

在会声会影2018中，为素材添加转场效果

后，若对添加的转场效果不满意，可以将其删除。删除转场效果的方法很简单，在故事板或视频轨中选择转场效果，单击鼠标右键，在弹出的快捷菜单中选择"删除"命令，如图9-56所示。执行操作后，即可删除选择的转场效果，如图9-57所示。

图9-56

图9-57

9.3.4　课堂案例——修改风景视频转场特效

实例效果	实例文件\第9章\9.3.4\修改风景视频转场特效.VSP
素材位置	实例文件\第9章\9.3.4\素材
在线视频	第9章\9.3.4
实用指数	★★★
技术掌握	掌握替换转场效果的方法

打开一个已经添加好转场效果的项目文件，在转场素材库中选择自己喜欢的转场效果，对原有转场效果进行替换。

01 在会声会影2018工作界面中，执行"文件"|"打开项目"命令，打开素材文件夹中的"风景.VSP"文件。单击导览面板中的"播放"按钮，预览视频转场效果，如图9-58和图9-59所示。

图9-58

02 切换至"转场"素材库，单击"画廊"按钮▼，在弹出的下拉列表中选择"胶片"选项，如图9-60所示。

图9-59

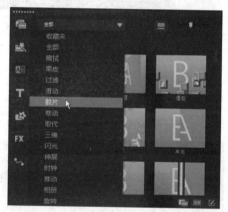

图9-60

03 在"胶片"转场组中选择"翻页"转场效果，如图9-61所示。

图9-61

04 按住鼠标左键并将其拖曳至视频轨中的第1和

第2个图像素材之间，即可替换已有的转场效果，如图9-62所示。

图9-62

05 用同样的方法，找到"转场"素材库中的"单向"转场效果，并替换至第2个和第3个图像素材之间，替换已有的转场效果，如图9-63所示。

图9-63

06 单击导览面板中的"播放"按钮，即可预览替换后的转场效果，如图9-64和图9-65所示。

图9-64

图9-65

9.4 设置转场属性

在会声会影2018中，添加转场到素材之间后，可以对转场进行时间、方向、边框等属性设置。

9.4.1 调整转场时间长度

在会声会影2018中，转场的区间参数是可以进行调整的。下面将讲解几种调整转场时间长度的操作方法。

1. 选项面板设置

启动会声会影2018，在视频轨中添加两张素材图片，如图9-66所示。

图9-66

单击"转场"按钮，进入转场素材库，选择"菱形B"转场，将其添加到素材之间，如图9-67所示。

图9-67

选择转场，进入"转场"选项面板，此时默认的转场区间为1秒，如图9-68所示。在区间中单击，当区间数值处于闪烁状态时输入新的区间，如图9-69所示。

此时时间轴中的转场区间即发生改变，如图9-70所示。

图9-68

图9-69

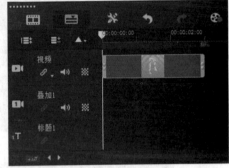

图 9-70

2. 时间轴设置

选中视频轨中的转场，拖曳区间，可以看到鼠标指针右下角显示的区间右边框，如图9-71所示。释放鼠标左键即可修改区间，如图9-72所示。

图9-71

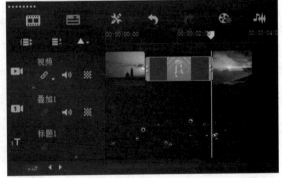

图9-72

3. 设置默认转场时间

执行"设置"|"参数选择"命令，如图9-73所示。此时弹出"参数选择"对话框，切换至"编辑"选项卡，调整"默认转场效果的区间"数值为2秒，如图9-74所示。单击"确定"按钮即可修改默认转场区间，此后，在素材之间添加的转场时长将统一为2秒。

图9-73

图9-74

9.4.2 课堂案例——设置转场边框效果

实例效果	实例文件\第9章\9.4.2\设置转场边框效果.VSP
素材位置	实例文件\第9章\9.4.2\素材
在线视频	第9章\9.4.2
实用指数	★★★★
技术掌握	调整转场边框属性

在会声会影2018中，可以为转场效果设置相应的边框样式及颜色，从而为转场效果锦上添花，增加视频画面美感。

01 在会声会影2018工作界面中，执行"文件"|"打开项目"命令，打开素材文件夹中的"美食展示.VSP"文件，如图9-75所示。

图9-75

02 在视频轨中单击第1个转场效果，在"转场"选项面板中调整边框数值为2、边框颜色为白色，如图9-76所示。

图9-76

03 完成上述设置后，在导览面板中可以查看转场边框效果，如图9-77所示。

图9-77

04 在视频轨中单击第2个转场效果，在"转场"选项面板中调整边框数值为1、边框颜色为粉色（R：244，G：189，B：203），如图9-78所示。

图9-78

05 完成上述设置后，在导览面板中可以查看转场边框效果，如图9-79所示。

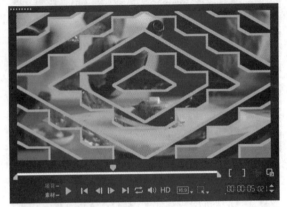

图9-79

06 在视频轨中单击第2个转场效果，在"转场"选项面板中调整转场效果为"流动-擦拭"，如图9-80所示。

图9-80

07 单击导览面板中的"播放"按钮，预览最终视频效果，如图9-81所示。

图9-81

9.4.3 改变转场的方向

在会声会影2018中，选择不同的转场效果，

"方向"选项区中的转场方向选项也会有所不同，如图9-82和图9-83所示。

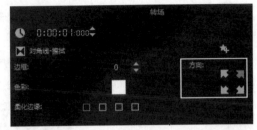

图9-82

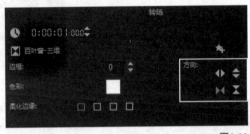

图9-83

单击"文件"|"打开项目"命令，打开一个项目文件，如图9-84所示。在导览面板中单击"播放"按钮，预览视频转场效果，如图9-85所示。

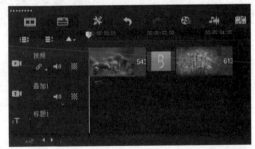

图9-84

图9-85

在视频轨中选择需要设置方向的转场效果，在"转场"选项面板的"方向"选项区中，单击"从右上

到左下"按钮![icon]，如图9-86所示。执行操作后，即可改变转场效果的运动方向。在导览面板中单击"播放"按钮，预览更改方向后的转场效果，如图9-87所示。

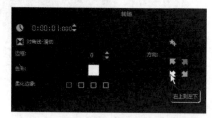

图9-86

图9-87

9.5 本章小结

会声会影2018的转场素材库中提供了大量精美且实用的转场特效，通过简单的操作，便能将转场效果赋予素材，实现画面的平滑过渡。通过本章内容的学习，相信各位读者已经掌握了添加转场效果的方法，并对已添加的转场效果进行调整与修改操作。

在为素材添加转场效果后，不仅可以随时进行替换和修改，还能在"转场"选项面板中调节转场效果的区间、边框粗细、边框颜色及方向等属性，以达到视频效果的优化。熟练掌握本章重要知识点，并学会在视频作品中灵活使用各类转场效果，对于以后的视频制作工作将会有很大的帮助。

9.6 课后习题

9.6.1 自定义转场效果

实例效果	课后习题\第9章\9.6.1\自定义转场效果.VSP
素材位置	课后习题\第9章\9.6.1\素材
在线视频	第9章\9.6.1
实用指数	★★★
技术掌握	掌握设置转场属性的方法

本练习将利用"转场"选项面板设置视频的转场效果，并为转场添加边框及颜色。视频效果如图9-88所示。

图 9-88

步骤分解如图 9-89所示。

图 9-89

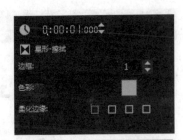

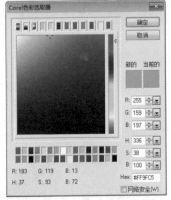

图 9-89（续）

9.6.2 制作喜迎新春视频

实例效果	课后习题\第9章\9.6.2\制作喜迎新春视频.VSP
素材位置	课后习题\第9章\9.6.2\素材
在线视频	第9章\9.6.2
实用指数	★★★★
技术掌握	手动添加转场效果

　　插入图片素材图片，并对其应用"对开门"转场效果，"对开门"转场效果是素材A以对开门的效果显示素材B画面，视频效果如图9-90所示。

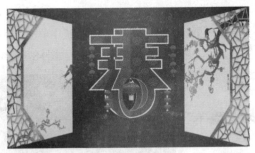

图 9-90

步骤分解如图 9-91所示。

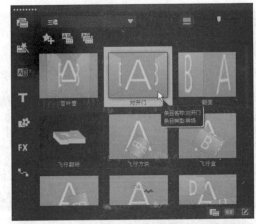

图 9-91

第 **10** 章

视频滤镜的应用

———————— 内容摘要 ————————

　　会声会影2018提供了很多滤镜效果。在对视频素材进行编辑时，将这些滤镜应用到视频素材上，不仅可以掩饰视频素材的瑕疵，还可以令视频产生绚丽的视觉效果，从而更具表现力。

课堂学习目标

- 掌握添加与删除滤镜的方法
- 熟悉如何设置视频滤镜
- 掌握影片亮度与对比度的调整方法
- 掌握还原视频色彩的方法

10.1　认识滤镜

滤镜的操作非常简单，但是真正用起来却很难恰到好处。滤镜通常需要同通道、图层等结合使用，才能获得最佳艺术效果。如果想在适当的时候应用滤镜到适当的位置，除了具备一定的美术功底外，还需要用户对滤镜的熟悉和操控能力，甚至需要具备丰富的想象力。

10.1.1　了解视频滤镜

滤镜是更改视频素材显示效果的方法，例如马赛克和涟漪等，如图10-1和图10-2所示。它可以作为一种纠正方式来修正拍摄错误，也可以为视频实现特定的效果。如今，越来越多的滤镜特效出现在各种影视节目中，它可以掩盖拍摄缺陷，使画面更加生动、绚丽多彩，从而创作出神奇且变幻莫测的视觉效果。

滤镜可以套用于素材的每一个画面上，并设定开始和结束值，还可以控制起始帧和结束帧之间的滤镜强弱与速度。

图10-1

图10-2

10.1.2　滤镜"效果"选项面板

在会声会影2018中，在应用滤镜后，还可以根据需要对滤镜进行调整。在滤镜"效果"选项面板中，可以实现替换滤镜、自定义滤镜、交换或删除滤镜等操作，如图10-3所示。

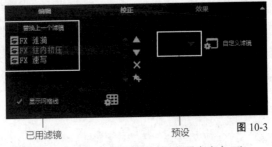

已用滤镜　　　　　　　　　预设　　　图 10-3

滤镜"效果"选项面板中各选项含义如下。

- 替换上一个滤镜：选中该复选框，将新滤镜应用到素材中时，将会替换素材中已经应用的滤镜。如果希望在素材中应用多个滤镜，则不选择此复选框。

- 已用滤镜：显示已经应用到素材中的视频滤镜。

- 上移滤镜 ▲：单击该按钮可以在滤镜列表中前移当前所选择的视频滤镜，使该滤镜提前应用。

- 下移滤镜 ▼：单击该按钮可以在滤镜列表中后移当前所选择的视频滤镜，使该滤镜延后应用。

- 删除滤镜 ✕：单击该按钮可以从视频滤镜列表中删除所选择的视频滤镜。

- 预设：会声会影为滤镜效果预设了多种不同的类型，单击右侧的下拉按钮，从弹出的下拉列表中可以选择不同的预设类型，并将其应用到素材中。

- 自定义滤镜 ：单击"自定义滤镜"按钮，在弹出的对话框中可以自定义滤镜属性。根据所选滤镜类型的不同，对话框中的参数也不同。

- 显示网格线：选中该复选框，可以在预览窗口中显示网格线效果。

- 网格线选项 ：此按钮必须在选中"显示网格

线"复选框的前提下才能单击，单击该按钮可
以自定义网格线的属性。

10.2 添加与删除视频滤镜

在滤镜使用的过程中，最基础的操作就是添
加、删除与替换滤镜效果，下面将进行详细介绍。

10.2.1 课堂案例——添加单个
视频滤镜

实例效果	实例文件\第10章\10.2.1\添加单个视频滤镜.VSP
素材位置	实例文件\第10章\10.2.1\素材
在线视频	第10章\10.2.1
实用指数	★★★★★
技术掌握	为素材添加单个视频滤镜

在视频轨中添加素材后，可以为其添加合适的
滤镜效果，使画面变得更加生动有趣。下面将详细
讲解为素材添加单个视频滤镜的操作方法。

01 进入会声会影2018工作界面，用鼠标右键单
击视频轨，在弹出的快捷菜单中执行"插入照片"
命令，在弹出的"浏览照片"对话框中找到素材文
件夹中的"鱼.jpg"素材，将其添加到视频轨中，
如图10-4所示。

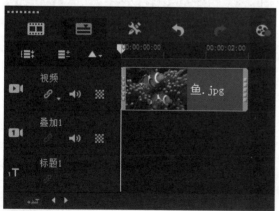

图10-4

02 用鼠标右键单击视频轨中的素材，在弹出的
快捷菜单中选择"打开选项面板"命令，如图10-5
所示。

图10-5

03 在"编辑"选项卡中的"重新采样选项"选
区中的下拉列表中选择"调到项目大小"选项，如
图10-6所示。

图10-6

04 执行上述操作后，导览面板中的素材画面将
会拉伸至与项目同等大小，如图10-7所示。

图10-7

05 单击"滤镜"按钮 FX，打开滤镜素材库。在
"全部"素材库中选择"气泡"滤镜，如图10-8所
示，将它拖到视频轨中的素材图像上，此时鼠标指
针右下角将显示一个加号，如图10-9所示。释放鼠
标左键，即可添加"气泡"滤镜效果，素材的左上
角将出现 FX 标志。

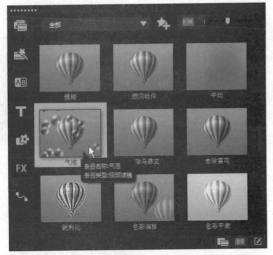

图10-8

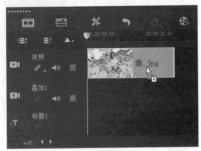

图10-9

06 上述操作完成后，在导览面板中可预览添加的"气泡"滤镜效果，如图10-10所示。

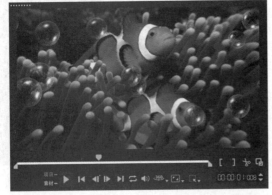

图10-10

07 打开滤镜"效果"选项面板，展开"预设"下拉列表，在其中选择一个较小的气泡预设，如图10-11所示。

08 单击导览面板中的"播放"按钮，即可预览

视频最终效果，如图10-12所示。

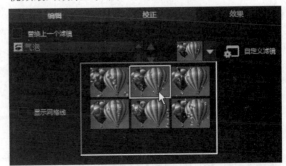

图10-11

图10-12

10.2.2 课堂案例——添加多个视频滤镜

实例效果	实例文件\第10章\10.2.2\添加多个视频滤镜.VSP
素材位置	实例文件\第10章\10.2.2\素材
在线视频	第10章\10.2.2
实用指数	★★★★
技术掌握	为素材添加多个视频滤镜

在会声会影2018中，可以为视频轨中的素材同时添加多个滤镜效果。下面将详细讲解为素材添加多个视频滤镜的操作方法。

01 进入会声会影2018工作界面，执行"文件"|"打开项目"命令，打开素材文件夹中的"夜色.VSP"文件，如图10-13所示。

图10-13

02 单击"滤镜"按钮 **FX**，打开滤镜素材库。在"特殊"素材库中选择"幻影动作"滤镜，如图10-14所示。

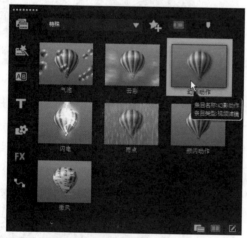

图10-14

03 按住鼠标左键，将选中的滤镜效果拖到视频轨中的素材图像上，此时鼠标指针右下角将显示一个加号，如图10-15所示。释放鼠标左键，即可添加"幻影动作"滤镜效果。

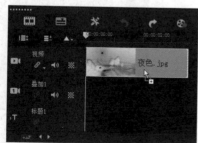

图10-15

04 用同样的方法，继续在"特殊"素材库中选择"闪电"滤镜，如图10-16所示。

图10-16

05 将选择的"闪电"滤镜效果添加至视频轨中的素材图像上，如图10-17所示。

图10-17

06 打开滤镜"效果"选项面板，已用滤镜列表中显示了添加的两个视频滤镜，如图10-18所示。

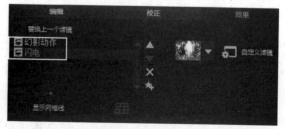

图10-18

07 单击导览面板中的"播放"按钮，即可预览视频最终效果，如图10-19所示。

图 10-19

10.2.3　删除视频滤镜

为一个视频素材添加滤镜效果后，若未达到自己所需要的效果，可以将该滤镜效果删除。

用鼠标右键单击视频轨中的素材，在弹出的快捷菜单中选择"打开选项面板"命令，打开滤镜"效果"选项面板，选择需要删除的滤镜效果，单击"删除滤镜"按钮 ，如图10-20所示，即可将其删除。

图 10-20

10.2.4　替换视频滤镜

为素材添加视频滤镜后，如果发现添加的滤镜所产生的效果不是自己所需要的，可以选择其他视频滤镜来替换现有的视频滤镜。

打开一个已经添加滤镜的项目文件，如图10-21和图10-22所示。

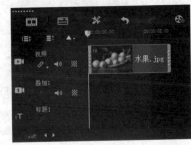

图10-21

图10-22

打开滤镜"效果"选项面板，选中"替换上一个滤镜"复选框，如图10-23所示。打开滤镜素材库，在"自然绘图"素材库中选择"自动草绘"滤镜效果，如图10-24所示，将它拖到视频轨素材上。

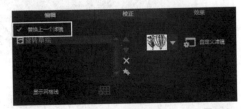

图10-23

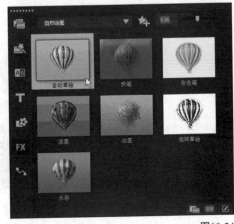

图10-24

在导览面板中单击"播放"按钮，预览替换的视频滤镜效果，如图 10-25 所示。

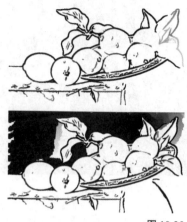

图 10-25

10.3 设置视频滤镜的样式

在会声会影2018中，为素材添加需要的视频滤镜后，还可以为视频滤镜指定预设样式或者自定义样式，使制作的视频画面更加专业、美观，使视频更具吸引力。

10.3.1 选择预设样式

在会声会影2018中，每一个视频滤镜都会提供多个预设的滤镜样式。打开一个已经添加滤镜的项目文件，如图10-26和图10-27所示。

图10-26

图10-27

在视频轨中选择需要设置滤镜样式的素材文件，在滤镜"效果"选项面板中，单击"预设"下拉按钮 ▼ ，在弹出的下拉列表中选择一个预设样式，如图 10-28 所示。

图 10-28

执行上述操作后，即可为素材图像指定滤镜预设样式。单击导览面板中的"播放"按钮，即可预览视频滤镜预设样式，如图 10-29 所示。

图 10-29

10.3.2 自定义滤镜样式

在会声会影2018中，对视频滤镜效果进行自定义操作，可以制作出更加精美的画面效果。

在为视频轨中的素材添加滤镜效果后，在滤镜"效果"选项面板单击"自定义滤镜"按钮 ⬛ ，即可打开所选滤镜效果的对话框，在其中可以自行调整各项属性，如图 10-30 所示。

图 10-30

10.3.3 课堂案例——缤纷向日葵效果

实例效果	实例文件\第10章\10.3.3\缤纷向日葵效果.VSP
素材位置	实例文件\第10章\10.3.3\素材
在线视频	第10章\10.3.3
实用指数	★★★★
技术掌握	运用滤镜预设样式

巧妙应用视频滤镜的预设样式，可以快速打造出一些极具趣味性的画面效果。下面将结合前面所学知识点，使用滤镜预设样式，打造缤纷向日葵效果。

01 进入会声会影2018工作界面，执行"文件"|"打开项目"命令，打开素材文件夹中的"向日葵.VSP"文件，如图10-31所示。

图10-31

02 单击"滤镜"按钮 **FX**，打开滤镜素材库。在

"标题效果"素材库中选择"万花筒"滤镜，如图10-32所示。

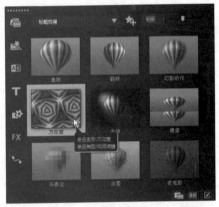

图10-32

03 按住鼠标左键，将选中的滤镜效果拖到视频轨中的素材图像上，然后在预览窗口中预览滤镜效果，如图10-33所示。

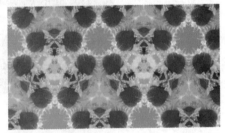

图10-33

04 打开滤镜"效果"选项面板，在其中单击"预设"下拉按钮 **▼**，展开预设效果列表，如图10-34所示。

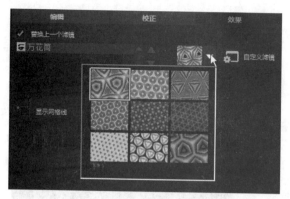

图10-34

⑤ 在其中选择不同的预设效果，直接应用到视频轨中的图像素材上，效果如图 10-35 所示。

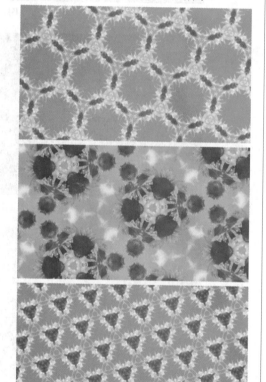

图 10-35

10.4 调整视频色彩

本节将介绍几种常用于调整视频色彩的滤镜效果，包括"自动曝光""亮度和对比度""色彩平衡""色调和饱和度"滤镜。

10.4.1 自动曝光

在会声会影2018中，应用"自动曝光"滤镜能够让视频或图像自动进行曝光调整，美化视频或图像效果。

进入会声会影2018工作界面，在视频轨中添加图片素材，效果如图10-36所示。单击"滤镜"按钮 FX，在素材库中选择"自动曝光"滤镜，如图10-37所示。

图10-36

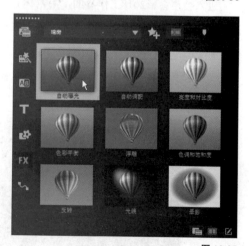

图 10-37

按住鼠标左键将它拖到视频轨中的素材上，即可添加"自动曝光"滤镜，如图10-38所示。在预览窗口中可以预览调整后的画面效果，如图10-39所示。

图10-38

图10-39

10.4.2 亮度和对比度

在会声会影2018中，应用"亮度和对比度"滤镜能够调整视频或图像的画面亮度和颜色的对比度，美化视频或图像效果。

进入会声会影2018工作界面，用鼠标右键单击视频轨，在弹出的快捷菜单中选择"插入照片"命令，添加图片素材，效果如图10-40所示。单击"滤镜"按钮 FX，在"暗房"素材库中选择"亮度和对比度"滤镜，如图10-41所示。

图10-40

按住鼠标左键将它拖到视频轨中的素材上，即

可添加"亮度和对比度"滤镜，如图10-42所示。在预览窗口中可以预览画面效果，如图10-43所示。

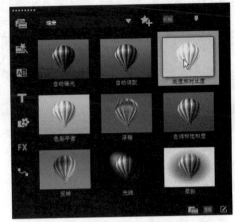

图10-41

图10-42

图10-43

技巧与提示

在选项面板中，软件提供了8种"亮度和对比度"滤镜预设样式，用户可根据需要选择与应用。

10.4.3 色彩平衡

在会声会影2018中，应用"色彩平衡"滤镜能够调整视频或图像的画面色彩，美化视频或图像效果。

进入会声会影2018工作界面，用鼠标右键单击视频轨，在弹出的快捷菜单中选择"插入照片"命令，添加图片素材，效果如图10-44所示。单击"滤镜" FX 按钮，在"暗房"素材库中选择"色彩平衡"滤镜，如图10-45所示，按住鼠标左键将它拖到视频轨中的素材上。

图10-44

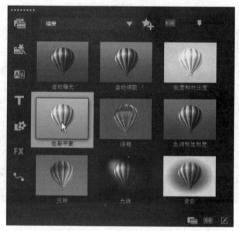

图10-45

打开滤镜"效果"选项面板，在其中单击"预设"下拉按钮 ▼，在弹出的下拉列表中选择一个预设样式，如图10-46所示。执行操作后，在预览窗口中可以预览调整后的画面效果，如图10-47所示。

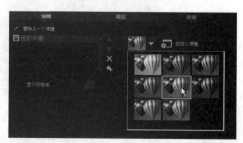

图10-46

图10-47

10.4.4 色调和饱和度

在会声会影2018中，应用"色调和饱和度"滤镜能够改变视频或画面的色调饱和度，美化视频或图像效果。

进入会声会影2018工作界面，用鼠标右键单击视频轨，在弹出的快捷菜单中选择"插入照片"命令，添加图片素材，效果如图10-48所示。单击"滤镜"按钮 FX，在"暗房"素材库中选择"色调和饱和度"滤镜，如图10-49所示，用鼠标将它拖到视频轨中的素材上。

图10-48

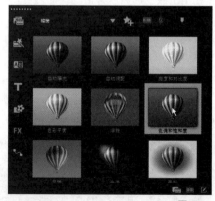

图10-49

打开滤镜"效果"选项面板，在其中单击"预设"下拉按钮 ▼，在弹出的下拉列表中选择一个预设样式，如图10-50所示。执行操作后，在预览窗口中可以预览调整后的画面效果，如图10-51所示。

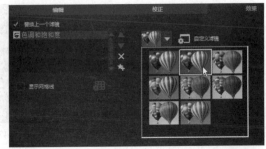

图10-50

图10-51

10.4.5 课堂案例——风景视频校色

实例效果	实例文件\第10章\10.4.5\风景视频校色.VSP
素材位置	实例文件\第10章\10.4.5\素材
在线视频	第10章\10.4.5
实用指数	★★★★★
技术掌握	利用滤镜为视频校色

在进行视频编辑处理时，难免会遇到视频文件曝光不足或色调偏色等情况，此时可以使用校色类滤镜效果来解决此类问题。

01 进入会声会影2018工作界面，执行"文件"|"打开项目"命令，打开素材文件夹中的"樱花.VSP"文件。在预览窗口中预览视频效果，会发现视频画面偏暗，如图10-52所示。

图10-52

02 单击"滤镜"按钮 **FX**，打开滤镜素材库。在"暗房"素材库中选择"亮度和对比度"滤镜，如图10-53所示。

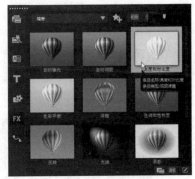

图10-53

03 按住鼠标左键，将选中的滤镜效果拖到视频轨中的素材图像上，然后在预览窗口中预览滤镜效果，如图10-54所示，可以看到视频画面明显变亮。

图10-54

04 打开滤镜"效果"选项面板，在其中单击"预设"下拉按钮 **▼**，展开预设效果列表，在其中选择第3行第1个样式，如图10-55所示。

图10-55

05 执行上述操作后，视频画面中植物的颜色将会变得更自然，如图10-56所示。

图10-56

06 确保滤镜"效果"选项面板中的"替换上一个滤镜"复选框为未选中状态，继续在滤镜素材库中选择"色调和饱和度"滤镜，如图10-57所示，按住鼠标左键将其拖曳至素材上。

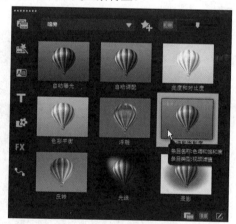

图10-57

07 在滤镜"效果"选项面板中单击"自定义滤镜"按钮，打开"色调和饱和度"对话框，根据画面情况，自行调整"色调"和"饱和度"参数，如图10-58所示。注意保持前后关键帧参数的一致性。

图10-58

08 完成设置后单击"确定"按钮，关闭对话框。单击导览面板中的"播放"按钮，预览视频最终效果，如图10-59所示。

图10-59

10.5　本章小结

本章主要学习了会声会影2018软件视频滤镜的运用与调整。会声会影2018拥有非常多的滤镜效果，使用这些滤镜效果可以有效提高视频质量与美化程度。将不同的滤镜效果结合应用，也能够创造出更多新鲜且悦目的视觉效果。需要注意的是，在编辑视频时需要慎重选择滤镜效果，如果使用了有违和感的视频滤镜，视频效果反而会大打折扣。

10.6　课后习题

10.6.1　雨中曲

实例效果	课后习题\第10章\10.6.1\雨中曲.VSP
素材位置	课后习题\第10章\10.6.1\素材
在线视频	第10章\10.6.1
实用指数	★★★★★
技术掌握	滤镜在特定场景中的使用

本练习将为素材图像添加"雨点"滤镜效果，并搭配音效制作出下雨的场景。视频效果如图10-60所示。

图10-60

步骤分解如图10-61所示。

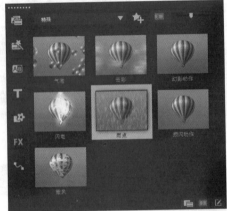

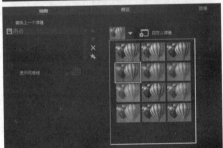

图 10-61

10.6.2　手绘女孩照片

实例效果　课后习题\第10章\10.6.2\手绘女孩照片.VSP

素材位置　课后习题\第10章\10.6.2\素材

在线视频　第10章\10.6.2

实用指数　★★★

技术掌握　素材库滤镜的应用

　　结合本章所学，对素材添加自动手绘滤镜视频效果如图10-62所示。

图10-62

步骤分解如图10-63所示。

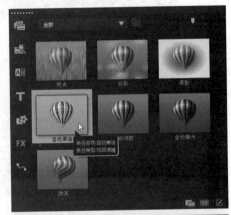

图10-63

第**11**章

添加与制作字幕

内容摘要

字幕是指以文字形式显示电视、电影、舞台作品中的对话等非影像内容，也泛指影视作品后期加工的文字。将节目的语音内容以字幕方式显示，可以帮助听力较弱的观众理解节目内容。此外，由于很多字词同音，只有通过字幕和音频结合，才能更加清楚地呈现节目内容。字幕还能用于翻译外语节目，让不理解外语的观众既能听见原作的声音，又能理解影片内容。

课堂学习目标

- 掌握添加字幕的方法
- 掌握设置字幕样式的方法
- 掌握编辑标题属性的方法
- 掌握动态字幕的制作方法

11.1 字幕的基本操作

添加字幕是影片制作的重要环节之一。会声会影2018提供了众多预设字幕，可供用户直接使用。此外，也可选择将其添加到时间轴中，进行二次编辑。

11.1.1 了解"标题"字幕

"标题"字幕是影片中必不可少的元素，一个好的标题不仅可以传达画面的主要信息，还可以增强影片的完整性。会声会影2018提供的"标题"素材库可用于为视频添加简要文字说明、片头和旁白等，基本可以满足日常制作需求。

在会声会影2018工作界面中，单击"标题"按钮**T**打开"标题"素材库，可以看到软件提供的多种预设标题样式，如图11-1所示。

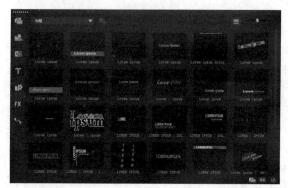

图11-1

选择相应的标题样式后，在预览窗口中可以预览该字幕的动画效果，按住鼠标左键将其拖入时间轴面板，即可应用字幕。此外，单击"添加到收藏夹"按钮 ，可以将喜欢的字幕特效添加到"收藏夹"转场组中。

11.1.2 课堂案例——添加预设字幕

实例效果	实例文件\第11章\11.1.2\添加预设字幕.VSP
素材位置	实例文件\第11章\11.1.2\素材
在线视频	第11章\11.1.2

实用指数 ★★★★★

技术掌握 掌握添加预设字幕的方法

"标题"素材库中提供了34种预设字幕，用户可根据作品需求，选择合适的字幕效果添加到项目中。下面介绍两种添加预设字幕的方法。

1. 拖曳添加

01 在会声会影2018工作界面中，执行"文件"|"打开项目"命令，打开素材文件夹中的"花.VSP"文件，如图11-2所示。

图11-2

02 单击"标题"按钮**T**，进入"标题"素材库，在预设标题中选择任意一个标题样式，如图11-3所示。

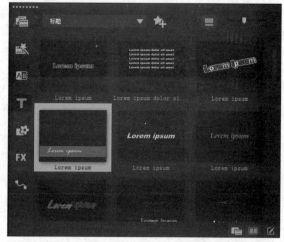

图11-3

03 在导览窗口中单击"播放"按钮，可以预览选择的标题效果，如图11-4所示。

04 按住鼠标左键，将选择的标题效果拖入标题轨中，如图11-5所示。

图11-4

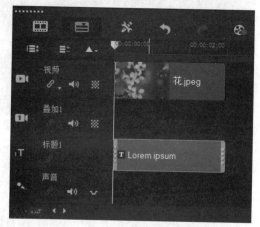

图11-5

⑤ 单击导览面板中的"播放"按钮,即可预览添加标题样式后的视频效果,如图11-6所示。

图11-6

2. 快捷菜单添加

① 在会声会影2018工作界面中,执行"文件"|"打开项目"命令,打开素材文件夹中的"花.VSP"文件,如图11-7所示。

图11-7

② 单击"标题"按钮 T ,进入"标题"素材库,在预设标题中选择任意一个标题样式,如图11-8所示。

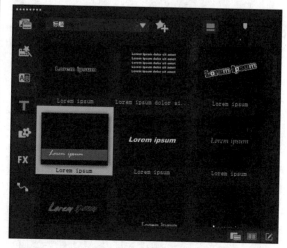

图11-8

③ 单击鼠标右键,在弹出的快捷菜单中选择"复制"命令,如图11-9所示。

④ 移动鼠标指针至标题轨,此时鼠标指针为 形状,如图11-10所示,单击即可将所选择的预设字幕添加到轨道中。

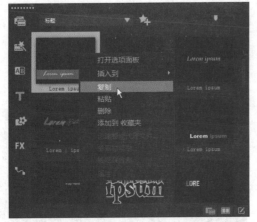

图11-9

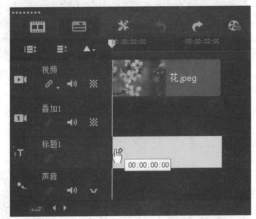

图11-10

05 单击导览面板中的"播放"按钮，即可预览添加标题样式后的视频效果，如图11-11所示。

图11-11

11.1.3 创建字幕

在视频轨中添加一张素材图片（或视频素材），然后单击素材库中"标题"按钮 T，预览窗口中出现提示字样，如图11-12所示。在预览窗口中双击进入标题的输入模式，可自行输入文字，如图11-13所示。

图11-12

图11-13

在输入框外单击，使标题进入编辑模式，然后拖曳字幕到合适的位置，如图11-14和图11-15所示。

图11-14

图11-15

11.1.4　字幕选项面板

在会声会影2018中创建标题字幕后，可以在字幕选项面板中对文字的各种属性进行修改，以适应不同的项目需求。

1.　"编辑"选项面板

在"编辑"选项面板中，可以设置标题字幕的字体、大小、颜色和行间距等属性，如图11-16所示。

图11-16

"编辑"选项面板中各选项的含义如下。

- "区间"数值框：该数值框用于调整标题字幕播放时间的长度，显示了播放当前标题字幕所需的时间，时间码的数字代表"小时:分钟:秒:帧"。单击其右侧的微调按钮，可以调整数值的大小，也可以单击时间码的数字，待数字处于闪烁状态时，输入新的数字后按Enter键确

认，即可改变标题字幕的播放时间长度。

- "字体"下拉列表框：单击右侧的下拉按钮，弹出的下拉列表中列出了系统中所有的字体类型，可以根据需要选择相应的字体。

- "字体大小"下拉列表框：单击右侧的下拉按钮，在弹出的下拉列表中选择字体的字号，即可调整字体的大小。图11-17和图11-18所示为调整字幕大小前后的对比效果。

图11-17

图11-18

- "色彩"色块：单击该色块，在弹出的颜色面板中可以设置字体的颜色。

- "行间距"下拉列表框：单击右侧的下拉按钮，在弹出的下拉列表中选择相应的选项，可以设置文本的行间距。图11-19和图11-20所示为调整字幕行间距前后的对比效果。

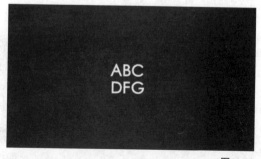

图11-19

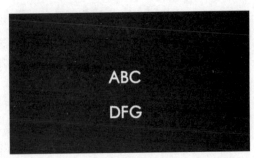

图11-20

- "按角度旋转"数值框：该数值框主要用于设置文本的旋转角度。
- "文字背景"复选框：选中该复选框，可以为文字添加背景效果。
- "边框/阴影/透明度"按钮■：单击该按钮，在弹出的对话框中可根据需要设置文本的边框、阴影及透明度等效果。
- 文本对齐按钮组：该组中提供有3个对齐按钮，分别为"左对齐"按钮■、"居中"按钮■及"右对齐"按钮■，单击相应的按钮，即可将文本进行相应对齐操作。
- "将方向更改为垂直"按钮■：单击该按钮，即可将文本进行垂直对齐操作。
- "将方向更改为水平"按钮■：单击该按钮，即可将文本进行水平对齐操作。
- "对齐"按钮组：该组内提供有9个区位按钮，分别对应画面中的左上■、中上■、右上■、左中■、正中■、右中■、左下■、中下■、右下■位置，单击对应的按钮即可将字幕对齐至画面的相应位置。

2. "属性"选项面板

在"属性"选项面板中，可以设置标题字幕的动画效果，如淡化、弹出、翻转、飞行、缩放及下降等字幕动画效果，如图11-21所示。

图11-21

"属性"选项面板中各选项含义如下。

- "动画"单选按钮：选中该单选按钮，即可设置文本的动画效果。
- "应用"复选框：选中该复选框，即可在下方设置文本的动画样式。图11-22和图11-23所示为应用字幕动画后的效果。

图11-22

图11-23

- "选取动画类型"下拉列表框：单击右侧的下拉按钮，在弹出的下拉列表中选择相应的选项，如图11-24所示，即可显示相应的动画类型。
- "自定动画属性"按钮■：单击该按钮，在弹出的对话框中可自定义动画的属性，如图11-25所示。

图11-24

图11-25

- "滤镜"单选按钮：选中该单选按钮，即可为文本添加相应的滤镜效果。

- "替换上一个滤镜"复选框：选中该复选框后，如果用户再次为标题添加相应滤镜效果，系统将自动替换上一次添加的滤镜效果，如果不选中该复选框，则可以在"滤镜"列表框中添加多个滤镜。

11.1.5 设置对齐方式

如果需要创建大量段落文本字幕，可以对字幕进行对齐操作。在会声会影视频轨中添加一张素材图片，如图11-26和图11-27所示。

图11-26

图11-27

单击素材库中的"标题"按钮 T，在预览窗口中输入字幕，如图11-28所示。进入字幕选项面板，默认的对齐方式为"居中"，如图11-29所示。

图11-28

图11-29

在"编辑"选项面板中单击"左对齐"按钮，在预览窗口中可预览文字左对齐的效果，如图11-30所示；单击"右对齐"按钮，在预览窗口中预览文字右对齐的效果，如图11-31所示。

图11-30

图11-31

11.1.6 更改文本方向

在会声会影2018中创建的字幕默认为水平方向，在选项面板中可以将其更改为垂直方向。在视频轨中添加一张素材图片，如图11-32所示。单击素材库中的"标题"按钮 T，在预览窗口双击，输入文字，如图11-33所示。

图11-32

图11-33

选择字幕，进入"编辑"选项面板，单击"将方向更改为垂直"按钮 ，如图11-34所示，即可更改字幕的方向垂直。在预览窗口中调整素材的位置，效果如图11-35所示。

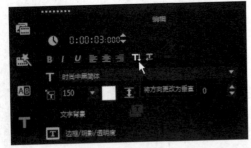

图11-34

图11-35

11.1.7 课堂案例——创建动态字幕

实例效果	实例文件\第11章\11.1.7\创建动态字幕.VSP
素材位置	实例文件\第11章\11.1.7\素材
在线视频	第11章\11.1.7
实用指数	★★★★★
技术掌握	掌握动态字幕效果的制作方法

在影片中创建标题后，用户可以套用淡化、弹出、翻转、缩放和下降等动画效果，使标题字幕更加生动活泼。

01 在会声会影2018工作界面中，执行"文件"|"打开项目"命令，打开素材文件夹中的"西瓜.VSP"文件，如图11-36所示。

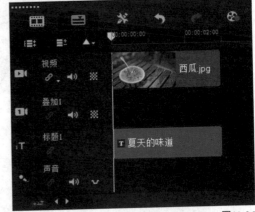

图11-36

02 双击标题轨中的字幕素材，将字幕选中，如图11-37所示。

图11-37

03 打开"属性"选项面板，在其中选中"动画"单选按钮，并选中"应用"复选框，在"选取动画类型"下拉列表框中选择"弹出"选项，如图11-38所示。

图11-38

(04) 在下方的预设动画类型列表框中选择一个淡化样式，如图11-39所示。

图11-39

(05) 单击导览面板中的"播放"按钮，即可预览动态字幕效果，如图11-40所示。

图11-40

11.2 编辑标题属性

会声会影2018提供了较为完善的字幕编辑和设置功能，用户可以对文本对象进行编辑和美化操作。

11.2.1 字幕行间距

在会声会影2018中，可以根据需要对标题字幕

的行间距进行设置，行间距的取值范围为60~999之间的整数。

打开一个项目文件，如图11-41所示。在标题轨中双击需要设置行间距的标题字幕，如图11-42所示。

图11-41

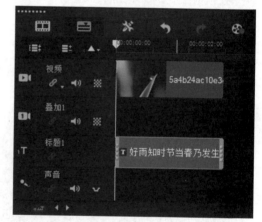

图11-42

在"编辑"选项面板的"行间距"下拉列表框中选择140，如图11-43所示。执行操作后，即可调整标题字幕的行间距，效果如图11-44所示。

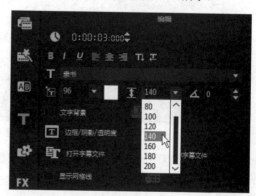

图11-43

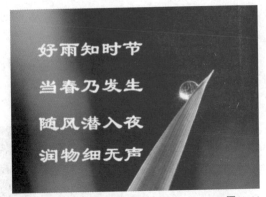

图11-44

11.2.2 字幕旋转角度

文字的旋转角度除了可以在选项面板中设置外，还可以直接在预览窗口中进行调整。

在预览窗口中将鼠标指针放置在文字编辑框外的红色节点上，此时鼠标指针的形状如图11-45所示。拖曳即可旋转文字角度，如图11-46所示。

图11-45

图11-46

在选项面板中的"按角度旋转"数值框 ⊿ 中输入数值，如图11-47所示。调整角度后，在预览窗口中预览最终效果，如图11-48所示。

图11-47

图11-48

11.2.3 字幕边框

为标题添加边框，能突出标题内容。在"边框/阴影/透明度"对话框中可以对文字的边框大小、边框颜色、透明度等参数进行设置。

在视频轨中添加素材图片，单击"标题"按钮 T，在预览窗口中双击，输入字幕，并调整大小与位置，如图11-49所示。

图11-49

进入"编辑"选项面板，单击"边框/阴影/透明度"按钮 ▣，如图11-50所示，弹出"边框/阴影/

透明度"对话框，如图11-51所示。

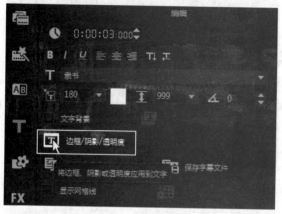

图11-50

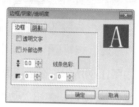

图11-51

选中"外部边界"复选框，设置边框宽度为3.0，单击"线条色彩"色块，选择颜色，如图11-52所示。完成操作后单击"确定"按钮，在预览窗口中预览外部边界的效果，如图11-53所示。

图11-52

图11-53

下面对"边框/阴影/透明度"对话框"边框"选项卡中的各个参数进行详细介绍。

1.　透明文字

选中"透明文字"复选框，在设置边框宽度及颜色后，文字会以镂空状态显示，如图11-54所示。

图11-54

2.　外部边界

选中"外部边界"复选框，可为文字添加边框效果。在选中该复选框后，调整边框宽度及边框色彩，即可显示边框效果，如图11-55所示。

图11-55

3.　边框宽度

在该数值框中可直接输入边框宽度的数值。此外，还可以通过单击🔼按钮来调整边框的宽度。

4.　线条色彩

单击"线条色彩"色块，在弹出的下拉面板中可以直接选择颜色。或者选择"Corel色彩选取器"选项，在弹出的对话框中自定义需要的颜色，如图11-56所示；选择"Windows色彩选取器"选项后，弹出

181

"颜色"对话框,单击"规定自定义颜色"按钮后,即可在拾色器中选择不同的颜色,如图11-57所示。

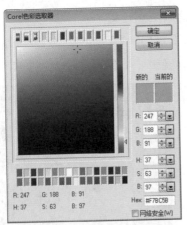

图11-56

图11-57

5. 文字透明度

在文字透明度数值框中输入的数值越大,透明度越低,取值范围为0～99。图11-58所示为修改文字透明度后的效果。

图11-58

6. 柔化边缘

该参数的取值范围为0～100,在设置该参数后,文字的边缘会产生柔化效果,如图11-59所示。

图11-59

11.2.4 字幕阴影

会声会影2018中共有4种标题阴影效果。单击"标题"按钮 T ,在预览窗口中双击,输入文字,如图11-60所示。在选项面板中单击"边框/阴影/透明度" 按钮,弹出"边框/阴影/透明度"对话框,切换至"阴影"选项卡,单击"下垂阴影" A 按钮,并设置参数与颜色,如图11-61所示。

图11-60

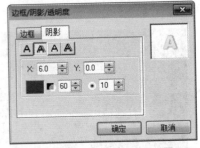

图11-61

单击"确定"按钮完成设置,在预览窗口中可以预览添加阴影后的字幕效果,如图11-62所示。

图11-62

技巧与提示

用户还可以在"边框/阴影/透明度"对话框中选择其他阴影，并设置参数与颜色，如图11-63和图11-64所示。

图11-63

图11-64

阴影类型介绍如下。

- 无阴影 **A**：默认选项，文字不添加任何阴影。
- 下垂阴影 **A**：单击该按钮后，为文字添加下垂阴影。
- 光晕阴影 **A**：单击该按钮后，在文字的周围添加光晕效果。
- 突起阴影 **A**：单击该按钮后，为文字添加突起阴影。

11.2.5　课堂案例——添加文字背景

实例效果	实例文件\第11章\11.2.5\添加文字背景.VSP
素材位置	实例文件\第11章\11.2.5\素材
在线视频	第11章\11.2.5
实用指数	★★★
技术掌握	为标题字幕添加背景

在会声会影2018中，用户可以为输入的文字添加背景，使文字效果更加突出。

01 在会声会影2018工作界面中，执行"文件"|"打开项目"命令，打开素材文件夹中的"生日快乐.VSP"文件，如图11-65所示。

图11-65

02 双击标题轨中的字幕素材，将字幕选中，如图11-66所示。

图11-66

03 在"编辑"选项面板中，选中"文字背景"复选框，并单击"自定义文字背景的属性"按钮 ，如图11-67所示。

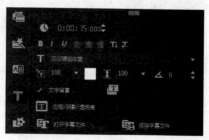

图11-67

04 此时弹出"文字背景"对话框，选中"与文本相符"单选按钮，并在该选项对应的下拉列表框中选择"椭圆"选项，在"放大"数值框中输入45，如图11-68所示。

05 在"色彩设置"选项区中，选中"渐变"单选按钮，在右侧设置第一个色块的颜色为淡紫色，设置第二个色块的颜色为黄色，在下方设置"透明度"为15，具体如图11-69所示。

 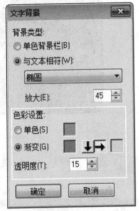

图11-68　　　　　　　　图11-69

06 单击导览面板中的"播放"按钮，即可预览文字背景效果，如图11-70所示。

图11-70

11.3 字幕编辑器

在会声会影2018中，字幕编辑器用来在视频中的帧位置创建字幕文件。在字幕编辑器中可以更加精确地为视频素材添加字幕效果。需要注意的是，字幕编辑器不能使用在静态的素材图像上，只能使用在动态的媒体素材上。

11.3.1 认识字幕编辑器

在视频轨中选择需要创建字幕的视频文件，在时间轴面板上方单击"字幕编辑器" **T** 按钮，如图11-71所示。

图11-71

执行上述操作后，即可打开"字幕编辑器"窗口，如图11-72所示。

图11-72

"字幕编辑器"窗口中各参数含义如下。

- 设置开始标记 **[**：在视频中标记画面的开始位置。
- 设置结束标记 **]**：在视频中标记画面的结束位置。

- 拆分💢：单击该按钮，将拆分视频文件。
- 录音质量：可以显示视频中的语音品质信息。
- 敏感度：设置扫描的灵敏度，包括"高""中等""低"3个选项。
- 扫描：单击该按钮，可以扫描视频中需要添加的字幕数量。
- 波形视图🔊：单击该按钮，可以在音频波形与视频画面之间进行切换，如图11-73和图11-74所示。

图11-73

图11-74

- 播放选择的字幕部分▶：单击该按钮，可以播放当前选择的字幕文件。
- 添加新字幕➕：单击该按钮，可以在视频中新增一个字幕文件。
- 删除选择的字幕➖：单击该按钮，可以在视频中删除选择的字幕文件。
- 合并字幕📑：单击该按钮，可以合并字幕文件。
- 时间偏移🕐：单击该按钮，可以设置字幕的时间偏移属性。
- 导入字幕文件📥：单击该按钮，可以导入字幕文件。
- 导出字幕文件📤：单击该按钮，可以导出字幕文件。
- 文字选项🅣：单击该按钮，在弹出的对话框中可以设置文本的属性，包括字体类型、字幕大小、字幕颜色和对齐方式等属性。

11.3.2　使用字幕编辑器

选中需要添加字幕的素材，在时间轴面板的上方单击"字幕编辑器"按钮🔳，打开"字幕编辑器"窗口。在窗口的右上方单击"添加新字幕"按钮➕，如图11-75所示。执行操作后，即可在下方新增一个标题字幕文件，如图11-76所示。

图11-75

图11-76

在"字幕"一列中单击，输入相应字幕内容，如图11-77所示，在预览窗口中即可预览创建的标题字幕，如图11-78所示。

图11-77

图11-78

11.3.3 课堂案例——在视频中插入字幕

实例效果 实例文件\第11章\11.3.3\在视频中插入字幕.VSP

素材位置 实例文件\第11章\11.3.3\素材

在线视频 第11章\11.3.3

实用指数 ★★★★

技术掌握 在"字幕编辑器"窗口中创建字幕

　　本案例将演示在"字幕编辑器"窗口中创建字幕文件的过程。

01 在会声会影2018工作界面中，执行"文件"|"打开项目"命令，打开素材文件夹中的"月色.VSP"文件，如图11-79所示。

图11-79

02 在时间轴面板的上方单击"字幕编辑器"按钮，如图11-80所示。

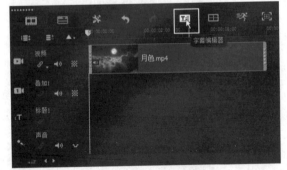

图11-80

03 执行上述操作后，打开"字幕编辑器"窗口，如图11-81所示。

图11-81

04 在窗口的右上方单击"添加新字幕"按钮，如图11-82所示。

05 执行上述操作后，即可在下方新增一个标题字幕文件，如图11-83所示。

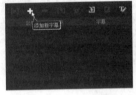

图11-82　　　　　　　　图11-83

06 在"字幕"一列中单击，输入相应字幕内容，如图11-84所示。

07 在"字幕编辑器"窗口中，单击"文字选项"按钮，在弹出的"文字选项"对话框中，展开"字体"下拉列表选择"隶书"选项，并对字体大小、颜色及阴影等参数进行设置，如图11-85所示。

图11-84

图11-85

08 单击"确定"按钮，返回"字幕编辑器"窗口。继续单击"确定"按钮，返回会声会影编辑器，标题轨中显示了刚创建的字幕内容，如图11-86所示。

图11-86

09 单击导览面板中的"播放"按钮，即可预览文字背景效果，如图11-87所示。

图11-87

11.4　本章小结

字幕作为现代影片的重要组成部分，其用途是向用户传递一些视频画面所无法表达或难以表现的内容，以便观众能够更好地理解影片的含义。本章主要介绍了在会声会影2018中制作影片字幕，并添加特效的各种操作方法，希望读者通过本章内容的学习，可以掌握制作字幕的要领，在日后的工作中能灵活运用所学，制作出各种精美的字幕特效。

11.5　课后习题

11.5.1　制作片尾字幕

实例效果	课后习题\第11章\11.5.1\制作片尾字幕.VSP
素材位置	课后习题\第11章\11.5.1\素材
在线视频	第11章\11.5.1
实用指数	★★★★
技术掌握	为项目应用预设标题字幕

本练习将利用"标题"素材库中提供的预设字幕快速为视频添加片尾字幕。视频效果如图11-88所示。

图11-88

步骤分解如图11-89所示。

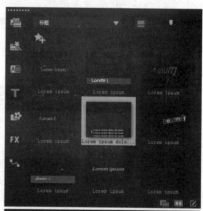

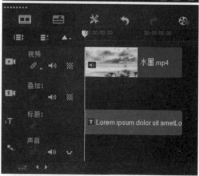

图11-89

图11-89（续）

11.5.2 时尚动感文字转场

实例效果	课后习题\第11章\11.5.2\时尚动感文字转场.VSP
素材位置	课后习题\第11章\11.5.2\素材
在线视频	第11章\11.5.2
实用指数	★★★
技术掌握	手动添加转场效果

　　本练习先在标题轨添加预设标题效果，然后更改标题区间长度为2秒，并在修改文字后调整文字的大小、字体等参数。最后复制文字效果，并逐个更改文字内容。视频效果如图11-90所示。

图11-90

步骤分解如图11-91所示。

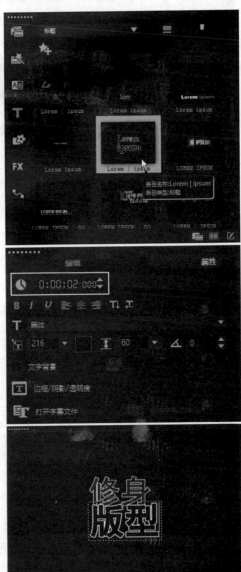

图11-91

第 **12** 章

添加与编辑音频

内容摘要

音频在影视作品中是不可或缺的元素，如果一部影片缺少了声音，再优美的画面也将黯然失色，而优美动听的背景音乐不仅可以渲染气氛，更可刺激观影者的感官神经，使影片极具感染力。本章主要介绍音频的基本编辑方法和音频特效的基础知识，为日后学习音频处理打下良好基础。

课堂学习目标

- 掌握音频的基本操作
- 掌握调整音频的方法
- 掌握添加音频滤镜的操作方法

12.1 音频的基本操作

音乐在视频后期制作中的作用不容忽视，为视频画面配上合适的音频，能使整个影片更具观赏性和视听性。本节将介绍添加音频、添加自动音乐、删除音频、录制画外音等基本操作。

12.1.1 添加音频

在会声会影2018中，用户可以直接添加素材库中的音频，也可添加外部音频。

在视频轨中添加一段视频素材，如图12-1所示。在"媒体"素材库中单击"显示音频文件"按钮 ，显示音频素材，并在其中选取一个音频，如图12-2所示。

图12-1

图12-2

将选择的音频拖到声音轨中并调整区间，如图12-3所示。单击导览面板中的"播放"按钮，即可试听音频效果。

图12-3

12.1.2 课堂案例——添加自动音乐

实例效果	实例文件\第12章\12.1.2\添加自动音乐.VSP
素材位置	实例文件\第12章\12.1.2\素材
在线视频	第12章\12.1.2

实用指数 ★★★★

技术掌握 使用自动音乐功能

在会声会影2018中，自动音乐实际上就是一个预设的音乐库，用户可以在其中选择不同类型的音乐，并根据影片的内容编辑音乐的风格或节拍。

01 进入会声会影2018工作界面中，执行"文件"|"打开项目"命令，打开素材文件夹中的"旅途.VSP"文件，如图12-4所示。

图12-4

02 在时间轴面板中选择视频素材，在时间轴面板上方单击"自动音乐"按钮 ，如图12-5所示。

03 展开"自动音乐"选项面板，在"类别"列表框中选择一个选项，然后在"歌曲"列表框中选择一个选项，最后在"版本"列表框中选择一个选项，如图12-6所示。

图12-5

图12-6

04 单击"播放选定歌曲"按钮，可以试听音乐效果，如图12-7所示；单击"停止"按钮，即可停止音乐的播放，如图12-8所示。

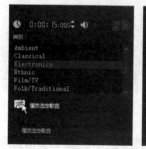

图12-7

图12-8

05 单击"添加到时间轴"按钮，即可在时间轴面板中添加选取的音乐，如图12-9所示。

图12-9

"自动音乐"选项面板中各参数含义如下。

- 类别：列出了音乐的不同类别。
- 歌曲：列出了一个类别的不同歌曲。
- 版本：列出了一个歌曲的不同版本。
- 播放选定歌曲：选中音乐后，单击该按钮则对音乐进行播放。
- 添加到时间轴：单击该按钮则可将选中的音乐添加到时间轴中。
- 自动修整：选中该复选框后，系统自动修整音频使之与影片区间长度一致。

12.1.3 删除音频素材

在进行会声会影项目编辑时，如果对插入的音频效果不满意，可以将项目中的音频删除，替换上其他适合的音频素材。

选中时间轴面板中的音频素材，单击鼠标右键，在弹出的快捷菜单中选择"删除"命令，如图12-10所示，即可删除所选音频。

图12-10

技巧与提示

选择时间轴中的音频素材并按Delete键，也可以将其删除。

12.1.4 录制画外音

在会声会影2018中，将麦克风正确连接到计算机后，可以用麦克风录制语音文件并应用到影片中。单击时间轴面板上方的"录制/捕获选项"按钮，如图12-11所示。

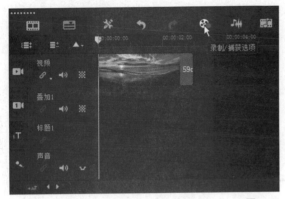

图12-11

单击"开始"按钮，通过麦克风录制语音，如图12-15所示。按Esc键即结束录音，语音素材会被插入项目时间轴的语音轨中，如图12-16所示。

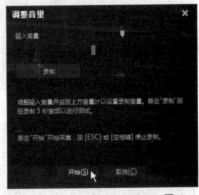

图12-15

技巧与提示

在录制画外音之前，需确保声音轨道不被其他音频素材占用，否则会弹出图12-12所示的对话框，无法进行下一步操作。

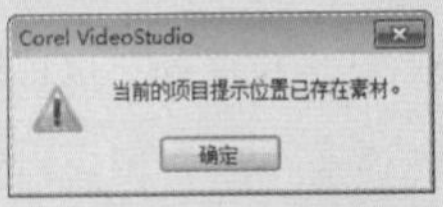

图12-12

弹出"录制/捕获选项"对话框，单击"画外音"按钮，如图12-13所示，弹出"调整音量"对话框，对着麦克风测试语音输入设备，检测仪表工作是否正常，如图12-14所示。

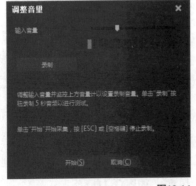

图12-13

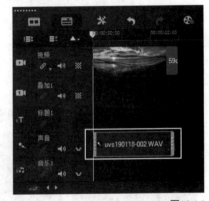

图12-16

12.2　音频的分割与修整

在会声会影2018中，将声音或背景音乐添加到声音轨道中后，可以根据需要对音频素材进行分割和修整操作，使制作的背景音乐更加符合用户的需求。本节主要为读者介绍分割与修整音频素材的操作方法。

12.2.1　分割音频素材

在进行项目编辑时，如果只需要用到音频中的某一部分，则可以通过分割音频这一操作，将素材分割

调整音里

输入音量

录制

请输入音量并监控上方音量计以设置录制音量，单击"录制"按钮录制5秒音频以进行测试。

单击"开始"开始采集，按 [ESC] 或 [空格键] 停止录制。

开始(S)　　取消(C)

图12-14

成多段，并选取需要的部分或删除不需要的部分。

在素材库中选择一段音频素材，将其添加到音频轨中，如图12-17所示。选择时间轴中的音频文件，移动时间线到需要分割的音频位置，单击鼠标右键，在弹出的快捷菜单中选择"分割素材"命令，如图12-18所示。

图12-17

图12-18

完成上述操作后，即可根据时间线所在位置，将音频素材分割成两部分，如图12-19所示。

图12-19

技巧与提示

音频素材的分割方法与视频素材的分割方法大致相同，除了上述所讲到的通过右键弹出的快捷菜单命令进行分割，还可以通过单击 ✂ 按钮来进行分割操作。

12.2.2　课堂案例——用区间修整音频

实例效果	实例文件\第12章\12.2.2\用区间修整音频.VSP
素材位置	实例文件\第12章\12.2.2\素材
在线视频	第12章\12.2.2
实用指数	★★★★★
技术掌握	通过调整区间参数来修整音频素材

在会声会影2018中，使用区间修整音频可以精确地控制声音或音乐的播放时间。

01 进入会声会影2018工作界面，执行"文件"|"打开项目"命令，打开素材文件夹中的"晨露.VSP"文件，如图12-20所示。

图12-20

02 在时间轴面板中选中要进行修整的音频素材，如图12-21所示。

图12-21

03 打开"音乐和声音"选项面板，在其中修改素材时间长度为8秒，如图12-22所示。

图12-22

04 执行上述操作后，即可通过区间修整音频素材，在时间轴面板中可查看修整后的效果，如图12-23所示。

图12-23

12.2.3 课堂案例——用标记修整音频

实例效果	实例文件\第12章\12.2.3\用标记修整音频.VSP
素材位置	实例文件\第12章\12.2.3\素材
在线视频	第12章\12.2.3
实用指数	★★★★
技术掌握	通过调整标记来修整音频素材

在会声会影2018中，拖曳音频素材右侧的黄色标记来修整音频素材是最为快捷和直观的修整方式，但其不足之处在于不容易精确地控制修整的位置。

01 进入会声会影2018工作界面，执行"文件"|"打开项目"命令，打开素材文件夹中的"植物.VSP"文件，如图12-24所示。

图12-24

02 在时间轴面板中选中要进行修整的音频素材，并将鼠标指针移至素材右侧的黄色标记上，如图12-25所示。

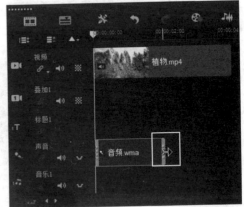

图12-25

03 按住鼠标左键并向右拖曳，如图12-26所示。

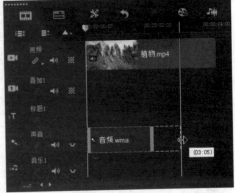

图12-26

04 拖曳至合适位置后，释放鼠标左键，即可完成音频修整操作，如图12-27所示。

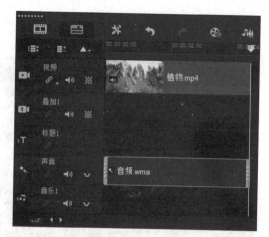

图12-27

12.2.4　课堂案例——用修整栏修整音频

实例效果	实例文件\第12章\12.2.4\用修整栏修整音频.VSP
素材位置	实例文件\第12章\12.2.4\素材
在线视频	第12章\12.2.4
实用指数	★★★
技术掌握	通过修整栏来修整音频素材

　　在会声会影2018中，用户还可以通过修整栏来修整音频素材。

(01)　进入会声会影2018工作界面，执行"文件"|"打开项目"命令，打开素材文件夹中的"雪景.VSP"文件，如图12-28所示。

图12-28

(02)　在时间轴面板中选中要进行修整的音频素材，如图12-29所示。

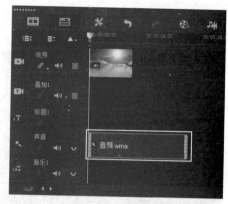

图12-29

(03)　在导览面板中，将鼠标指针移至结束修整标记上，此时鼠标指针呈黑色双向箭头形状，如图12-30所示。

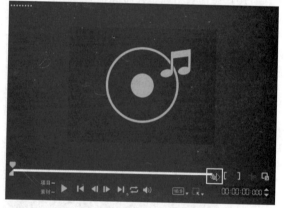

图12-30

(04)　在结束修整标记上，按住鼠标左键并向左拖曳，直至时间显示为00:00:06:000，如图12-31所示。

图12-31

(05)　将鼠标指针移至开始修整标记上，按住鼠标左键并向右拖曳，直至时间显示为00:00:02:000，如图12-32所示。

图12-32

⑥ 操作完成后，即可在时间轴面板中查看修整后的音频区间，如图12-33所示。

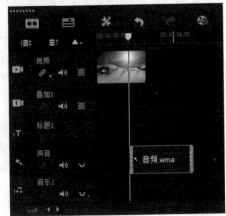

图12-33

12.2.5 课堂案例——调整音频播放速度

实例效果	实例文件\第12章\12.2.5\调整音频播放速度.VSP
素材位置	实例文件\第12章\12.2.5\素材
在线视频	第12章\12.2.5
实用指数	★★★★★
技术掌握	设置音频素材的播放速度

在会声会影2018中，用户可以设置音乐的速度和持续时间，使它能够与影片更好地配合。

① 进入会声会影2018工作界面，执行"文

件"|"打开项目"命令，打开素材文件夹中的"菊花.VSP"文件，如图12-34所示。

图12-34

② 在时间轴面板中选中要进行调整的音频素材，如图12-35所示。

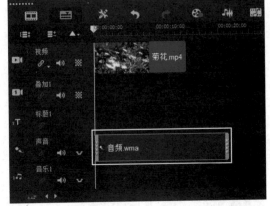

图12-35

③ 打开"音乐和声音"选项面板，在其中单击"速度/时间流逝"按钮，如图12-36所示。

图12-36

④ 弹出"速度/时间流逝"对话框，在其中设置各参数值，如图12-37所示。

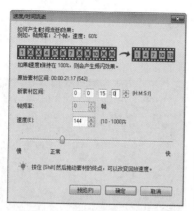

图12-37

05 单击"确定"按钮，即可调整音频的播放速度，如图12-38所示。

图12-38

12.3　编辑音频素材

添加音频后，用户可以对音频进行编辑调整，包括设置音频的淡入/淡出效果、调节音量、对音量进行重置，以及调节音频的左/右声道等。

12.3.1　调节素材音量

选择带有音乐的视频或是单独的音频文件，在选项面板中将音频的音量调大或减小，以实现较佳的视听效果。在会声会影2018中，调整音频素材音量的方法有许多。

1. 选项面板调节

在时间轴面板中选择音频素材后，在"音乐和声音"选项面板中单击"素材音量"数值框的 **⌐** 按钮进行音量微调，或直接在数值框中输入数值，即可更改音频素材的音量，如图12-39所示。

图12-39

> **技巧与提示**
>
> 此外，在选项面板中单击"素材音量"数值框后的按钮 **▼**，在弹出的音量调节器中拖曳滑块也可调节音量。

2. 对话框调节

选择时间轴中的视频素材，单击鼠标右键，在弹出的快捷菜单中选择"调整音量"命令，即可在弹出的对话框中设置音量，如图12-40和图12-41所示。

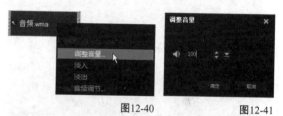

图12-40　　　　　　图12-41

12.3.2　课堂案例——用调节线调节音量

实例效果	实例文件\第12章\12.3.2\用调节线调节音量.VSP
素材位置	实例文件\第12章\12.3.2\素材
在线视频	第12章\12.3.2
实用指数	★★★★
技术掌握	使用调节线调整音频素材音量

在会声会影2018中，用户不仅可以通过选项面板调整音频音量，还可以通过调节线来精确调整音量。

01 进入会声会影2018工作界面，执行"文件"|"打开项目"命令，打开素材文件夹中的"鹿.VSP"文件，如图12-42所示。

图12-42

02 在时间轴面板中选中音频素材，然后单击面板上方的"混音器"按钮 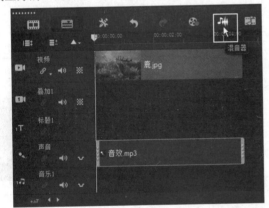，如图12-43所示。

图12-43

03 切换至混音器视图，将鼠标指针移至音频文件中间的音量调节线上，此时鼠标指针呈向上箭头形状，如图12-44所示。

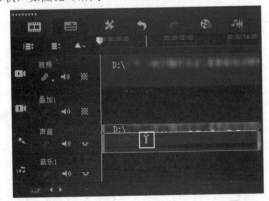

图12-44

04 按住鼠标左键并向上拖曳，至合适位置后释放鼠标左键，即可在音频中添加关键帧点，调大音频的音量，如图12-45所示。

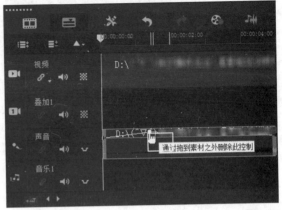

图12-45

05 将鼠标指针移至另一个位置，按住鼠标左键并向下拖曳，添加第二个关键帧点，调小音频的音量，如图12-46所示。

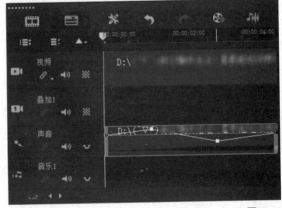

图12-46

技巧与提示

音量调节线是轨道中的水平线条，仅在混音器视图中可以看到。在这条线上，用户可以添加关键帧，关键帧点的高低决定着该处音频的音量大小。关键帧向上拖曳时，表示将音频的音量放大；关键帧向下拖曳时，表示将音频的音量调小。用这种调节方式，还可以制作音频的淡入/淡出效果。

12.3.3　课堂案例——用混音器调节音量

实例效果	实例文件\第12章\12.3.3\用混音器调节音量.VSP
素材位置	实例文件\第12章\12.3.3\素材
在线视频	第12章\12.3.3
实用指数	★★★
技术掌握	混音器的具体使用

　　在会声会影2018中，混音器可以动态调整音量调节线，它允许在播放影片项目的同时，实时调整某个轨道素材任意一点的音量。如果用户的乐感很好，借助混音器可以像专业混音师一样混合影片的声音效果。

01　进入会声会影2018工作界面，执行"文件"|"打开项目"命令，打开素材文件夹中的"眺望.VSP"文件，如图12-47所示。

图12-47

02　单击时间轴面板上方的"混音器"按钮，切换至混音器视图，在"环绕混音"选项面板中，单击"语音轨"按钮，确认要调节的音频轨道，然后单击"播放"按钮，如图12-48所示。

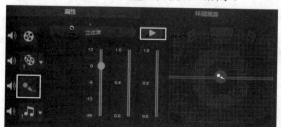

图12-48

03　开始试听选择的轨道中的音频效果，在混音器中可以看到音量起伏的变化，如图12-49所示。

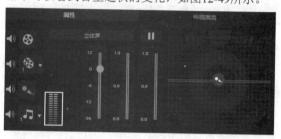

图12-49

04　按钮"音量"按钮并向下拖曳，如图12-50所示。

05　执行上述操作后，即可播放并实时调节音量，在语音轨中可查看音频调节效果，如图12-51所示。

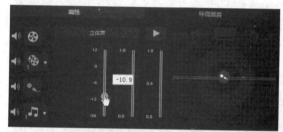

图12-50

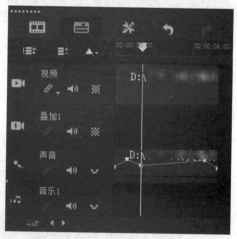

图12-51

技巧与提示

　　混音器是一种动态调整音量调节线的方式，它允许在播放影片项目的同时，实时调整音频素材任意一点的音量。

12.3.4 课堂案例——调节左右声道

实例效果 实例文件\第12章\12.3.4\调节左右声道.VSP

素材位置 实例文件\第12章\12.3.4\素材

在线视频 第12章\12.3.4

实用指数 ★★★★★

技术掌握 调节音频素材的左右声道

所谓左右声道，通俗来讲就是左右耳机的声音输出。在会声会影2018中，用户可以通过"环绕混音"选项面板对音频的左右声道进行调节。

01 进入会声会影2018工作界面，执行"文件"|"打开项目"命令，打开素材文件夹中的"风景.VSP"文件，如图12-52所示。

图12-52

02 在时间轴面板中选择需要调整的音频素材，单击时间轴面板上方的"混音器"按钮，如图12-53所示。

图12-53

03 切换至混音器视图，在"环绕混音"选项面板中单击"播放"按钮，播放音乐后，选择红色标记，向左拖曳到合适的位置，如图12-54所示，即可调节音频的左声道。

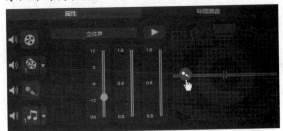

图12-54

04 向右拖曳红色标记，如图12-55所示，至合适位置后释放鼠标，即可调节音频的右声道。

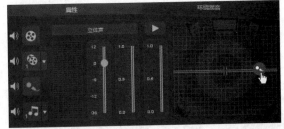

图12-55

05 执行上述操作后，在时间轴面板中可以看到，音频素材的音量调节线上新增了多个控制点，如图12-56所示。

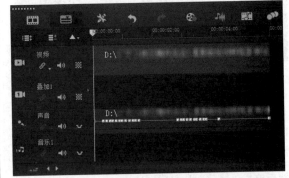

图12-56

12.4 应用音频滤镜

会声会影2018提供了许多音频滤镜，将滤镜添加到声音轨或音乐轨的音频素材上，可以营造出一些特殊的声音效果。

12.4.1 添加音频滤镜

选中音频素材，单击"滤镜"按钮，进入"滤镜"素材库，单击素材库上方的"显示音频滤镜"按钮 ，如图12-57所示。

显示所有音频滤镜后，选择一个合适的音频滤镜，按住鼠标左键，直接拖曳至需要添加滤镜的音频素材上即可，如图12-58所示。

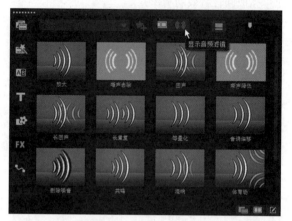

图12-57

图12-58

添加滤镜效果后，在素材上单击鼠标右键，在弹出的快捷菜单中选择"音频滤镜"命令，如图12-59所示。执行该命令后将弹出"音频滤镜"对话框，如图12-60所示。在该对话框中可对滤镜进行设置，设置后单击"确定"按钮。

图12-59

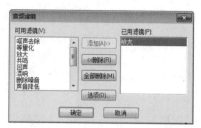

图12-60

12.4.2 删除音频滤镜

选择时间轴上已添加了滤镜的音频素材，进入选项面板，单击"音频滤镜"按钮 ，如图12-61所示，弹出"音频滤镜"对话框，选择"已用滤镜"列表框中的滤镜，如图12-62所示，单击"删除"按钮，即可将该音频滤镜删除，单击"确定"按钮完成设置。

图12-61

图12-62

12.4.3 课堂案例——制作回响效果

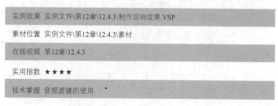

实例效果	实例文件\第12章\12.4.3\制作回响效果.VSP
素材位置	实例文件\第12章\12.4.3\素材
在线视频	第12章\12.4.3
实用指数	★★★★
技术掌握	音频滤镜的使用

在会声会影2018中，应用不同的滤镜所产生的效果也各不相同。使用"回音"和"变调"音频滤

镜，可以为某些音频素材应用回声特效，以配合画面产生更具有震撼力的播放效果。

(01) 进入会声会影2018工作界面，执行"文件"|"打开项目"命令，打开素材文件夹中的"绚烂.VSP"文件，如图12-63所示。

图12-63

(02) 在时间轴面板中选择音频素材，打开选项面板，在其中单击"音频滤镜"按钮 ，如图12-64所示。

图12-64

(03) 弹出"音频滤镜"对话框，在"可用滤镜"列表框中选择"回声"滤镜，然后单击"添加"按钮，如图12-65所示。

图12-65

(04) 在"已用滤镜"列表框中选择要设置的滤镜

"回声"，单击"选项"按钮，如图12-66所示。

(05) 在弹出的"回声"对话框的"已定义的回声效果"下拉列表框中选择"自定义"效果，如图12-67所示，设置"回声特性"选项区中的"延时"参数为1775毫秒，设置"衰减"参数为75%，如图12-68所示。单击 ▶ 按钮预览回音滤镜的效果，若满意则单击 ■ 按钮退出预览，单击"确定"完成回音特效的制作。

图12-66

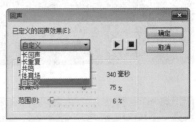

图12-67

图12-68

12.5 本章小结

通过本章内容的学习，相信读者已经大致掌握了在会声会影2018中对音频素材进行添加、编辑、修整和添加滤镜等操作。由于篇幅所限，本章并未对会声会影内置的音频滤镜进行过多讲解，但为大家详细介绍了滤镜的添加及删除等重要操作。在日后编辑和制作视频项目时，大家可以活学活用，根据实际需求为音频素材添加最适合的滤镜。

12.6　课后习题

12.6.1　音频降噪处理

实例效果	课后习题\第12章\12.6.1\音频降噪处理.VSP
素材位置	课后习题\第12章\12.6.1\素材
在线视频	第12章\12.6.1
实用指数	★★★
技术掌握	删除噪音音频滤镜的应用

　　本练习将通过为音频素材添加"删除噪音"音频滤镜，对音频文件进行降噪处理，如图12-69所示。

图12-69

　　步骤分解如图12-70所示。

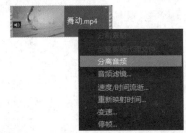

图12-70

12.6.2　音频的淡入/淡出

实例效果	课后习题\第12章\12.6.2\音频的淡入淡出.VSP
素材位置	课后习题\第12章\12.6.2\素材
在线视频	第12章\12.6.2
实用指数	★★★★
技术掌握	通过调节线调整音频

　　本练习将主要通过在调节线上添加关键帧，并拖曳关键帧制作音频的淡入/淡出效果，如图12-71所示。

图12-71

　　步骤分解如图12-72所示。

图12-72

第**13**章

影片的输出与共享

———— 内容摘要 ————

在项目编辑完成后，如果对视频效果满意，便可将编辑完成的影片输出。通过会声会影2018的"共享"面板，可以将编辑完成的影片进行渲染和输出，输出格式可以自由选择。本章将详细介绍视音频的输出操作，希望读者熟练掌握本章内容，将视频输出为自己所需要的格式，便于之后的分享及存储。

课堂学习目标

- 掌握输出参数的设置
- 掌握输出视频文件的方法
- 掌握输出独立文件的方法

13.1 输出设置

通过会声会影2018的"共享"面板，用户可以直接对输出的设备、格式及存储位置等参数进行设置。

13.1.1 选择输出设备

在"共享"面板中，输出设备包括"计算机" 、"设备" 、"网络" 、"光盘" 和"3D影片" 5种。每种设备内又包含了不同的输出格式，默认格式为"计算机"设备中的MPEG-4格式，如图13-1所示。

图13-1

各输出设备选项的功能如下。

- "计算机" ：在该设备选项内，可创建能在计算机上播放的视频。
- "设备" ：在该设备选项内，可创建能够保存到可移动设备或摄像机的文件。
- "网络" ：在该设备选项内，可保存视频并在线共享。
- "光盘" ：在该设备选项内，可将项目保存到光盘。
- "3D影片" ：在该设备选项内，可创建3D视频。

13.1.2 设置输出参数

在选择好输出格式后，用户还可以对其输出参数进行修改。

单击"共享"按钮，进入"共享"面板，单击"创建自定义配置文件"按钮 ，如图13-2所示，弹出"新建配置文件选项"对话框，如图13-3所示。

图13-2

图13-3

切换至"常规"选项卡，在其中可以对各参数进行修改，包括帧频、帧大小等参数，如图13-4所示。切换至"压缩"选项卡，在其中可以对压缩参数进行设置，如图13-5所示。

图13-4   图13-5

13.2 输出视频文件

编辑完成的影片需要创建为视频文件，用于分享与存储。在会声会影2018的"共享"面板中，用户可以选择输出完整的视频，也可以选择输出部分视频。

13.2.1 课堂案例——输出完整影片

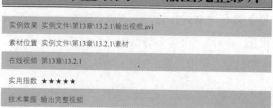

实例效果 实例文件\第13章\13.2.1\输出视频.avi

素材位置 实例文件\第13章\13.2.1\素材

在线视频 第13章\13.2.1

实用指数 ★★★★★

技术掌握 输出完整视频

输出完整影片是将编辑完成的整个项目输出成视频文件,以便观赏。本案例将演示在会声会影2018中输出AVI格式的完整影片的过程。该格式主要应用在多媒体光盘上,用来保存电视、电影等各种影像信息,它的优点是兼容性好,图像质量好。

(01) 进入会声会影2018工作界面,执行"文件"|"打开项目"命令,打开素材文件夹中的"港湾.VSP"文件,如图13-6所示。

图13-6

(02) 单击界面上方的"共享"标签,切换至"共享"面板,如图13-7所示。

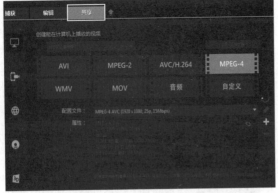

图13-7

(03) 在面板中选择"AVI"选项,如图13-8所示。

(04) 单击"文件位置"文本框右侧的"浏览"按钮 ,弹出"浏览"对话框,在其中设置视频文件的名称与输出位置,如图13-9所示。

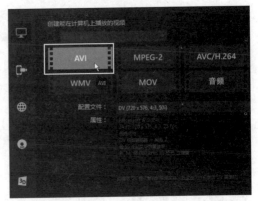

图13-8

图13-9

(05) 设置完成后,单击"保存"按钮。返回"共享"面板,单击下方的"开始"按钮,开始渲染视频文件,并显示渲染进度,如图13-10所示。

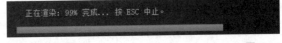

图13-10

(06) 视频文件输出完成后,弹出信息提示框,提示用户视频文件渲染成功,如图13-11所示。单击"确定"按钮,即可完成输出AVI视频的操作。

图13-11

(07) 在存储视频的文件夹中可找到渲染的视频进

行播放预览，如图13-12所示。

图13-12

13.2.2 课堂案例——输出部分影片

实例效果	实例文件\第13章\13.2.2\输出视频.mp4
素材位置	实例文件\第13章\13.2.2\素材
在线视频	第13章\13.2.2
实用指数	★★★★★
技术掌握	输出部分视频

用户编辑好影片后，若只需要其中的一部分影片，可以先指定影片的输出范围，然后输出指定部分的视频。

(01) 进入会声会影2018工作界面，执行"文件"|"打开项目"命令，打开素材文件夹中的"泡泡.VSP"文件，如图13-13所示。

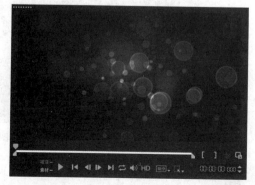

图13-13

(02) 在导览面板中拖曳滑块，指定视频开始位置，并单击"开始标记"按钮，如图13-14所示。

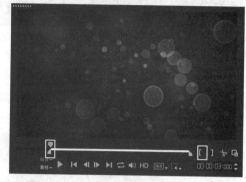

图13-14

(03) 在导览面板中继续拖曳滑块，指定视频结束位置，并单击"结束标记"按钮，如图13-15所示。

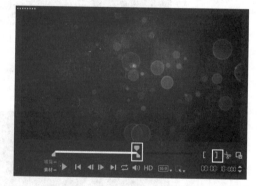

图13-15

(04) 单击界面上方的"共享"标签，切换至"共享"面板，选择"自定义"选项，如图13-16所示。

图13-16

(05) 设置文件名称及存储位置，选中"只创建预览范围"复选框，如图13-17所示。

图13-17

06 单击下方的"开始"按钮，开始渲染视频文件。等待视频渲染完成，进入"编辑"面板，渲染完成的影片会自动保存到素材库中，如图13-18所示。

图13-18

07. 单击导览面板中的"播放"按钮，预览视频最终效果，如图13-19所示。

图13-19

技巧与提示

除了用滑块指定预览范围外，还可以直接拖曳修整标记来指定预览范围。

13.2.3 课堂案例——输出宽屏视频

实例效果	实例文件\第13章\13.2.3\输出宽屏视频.mp4
素材位置	实例文件\第13章\13.2.3\素材
在线视频	第13章\13.2.3
实用指数	★★★★
技术掌握	创建宽屏视频

在会声会影2018中，屏幕的高宽比分为4：3、16：9、9：16和2：1这四种，用户可根据实际需求设置合适的宽高比。

01 进入会声会影2018工作界面，执行"文件"|"打开项目"命令，打开素材文件夹中的"海底.VSP"文件，如图13-20所示。

图13-20

02 单击界面上方的"共享"标签，切换至"共享"面板，选择"自定义"选项，如图13-21所示。

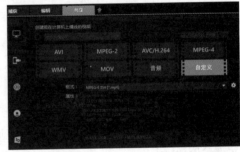

图13-21

03 单击"格式"下拉列表框后的"选项"按钮，如图13-22所示。

图13-22

04 在弹出的"选项"对话框中设置宽高比为4：3，如图13-23所示。完成设置后单击"确定"按钮。

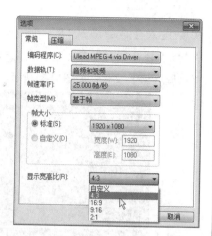

图13-23

05 回到"共享"面板，单击下方的"开始"按
钮，开始渲染视频文件。渲染完成后，可自行预览
宽屏视频效果，如图13-24所示。

图13-24

13.3 输出独立文件

会声会影2018可以将剪辑完成的影片输出为单
独的视频（无音频）或独立的音频，方便再次编辑
视音频时，添加自己喜爱的画面或配乐。

13.3.1 课堂案例——输出独立视频

实例效果 实例文件\第13章\13.3.1\输出独立视频.mp4

素材位置 实例文件\第13章\13.3.1\素材

在线视频 第13章\13.3.1

实用指数 ★★★★

技术掌握 输出独立视频的操作方法

在进行视频输出时，有时需要去除影片中的声
音，单独保存视频部分，以便添加配音或背景音乐。

01 进入会声会影2018工作界面，执行"文
件"|"打开项目"命令，打开素材文件夹中的
"海边.VSP"文件，如图13-25所示。

图13-25

02 单击界面上方的"共享"标签，切换至"共
享"面板，单击"创建自定义配置文件"按钮➕，
如图13-26所示。

图13-26

03 弹出"新建配置文件选项"对话框，切换至
"常规"选项卡，如图13-27所示。

04 在"数据轨"下拉列表框中选择"仅视频"
选项，如图13-28所示。完成设置后单击"确定"
按钮。

图13-27　　　　　　　　图13-28

05 回到"共享"面板，单击下方的"开始"按钮，开始渲染视频文件。等待视频渲染完成，进入"编辑"面板，渲染完成的影片会自动保存到素材库中，如图13-29所示。播放预览，可以发现视频只有画面，没有音频，如图13-30所示。

图13-29

图13-30

13.3.2　课堂案例——输出独立音频

实例效果　实例文件\第13章\13.3.2\输出音频.wma

素材位置　实例文件\第13章\13.3.2\素材

在线视频　第13章\13.3.2

实用指数　★★★★★

技术掌握　输出独立音频的操作方法

在会声会影2018中，可以将影片中的音频创建为独立的音频文件。

01 进入会声会影2018工作界面，执行"文件"|"打开项目"命令，打开素材文件夹中的"水母.VSP"文件，如图13-31所示。

图13-31

02 单击界面上方的"共享"标签，切换至"共享"面板，选择"音频"选项，如图13-32所示。

图13-32

03 单击"文件位置"对话框右侧的"浏览"按钮，弹出"浏览"对话框，在其中设置音频文件的名称与输出位置，如图13-33所示。

图13-33

04 设置完成后，单击"保存"按钮。返回"共享"面板，单击下方的"开始"按钮，开始输出音频文件。等待音频输出完成，进入"编辑"面板，输出的音频会自动保存到素材库中，如图13-34所示。

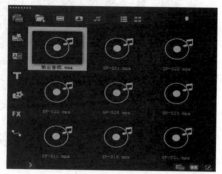

图13-34

13.4 输出到其他设备

除了将制作的影片输出到计算机中保存外，会声会影还支持将影片输出到移动设备、光盘等外部设备中。

13.4.1 DV录制

会声会影2018可以将编辑完成的影片直接回录到DV摄像机上。将DV摄像机与计算机连接，进入会声会影编辑界面，单击界面上方的"共享"标签，切换至"共享"面板，单击"设备"按钮，并在设备选项中选择DV选项，如图13-35所示。

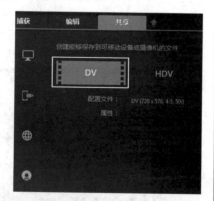

图13-35

单击"文件位置"文本框右侧的"浏览"按钮，弹出"浏览"对话框，在其中设置文件的名称与输出位置，如图13-36所示。单击"保存"按钮，返回"共享"面板，单击下方的"开始"按

钮，耐心等待文件渲染完成即可。

图13-36

13.4.2 输出到移动设备

使用会声会影完成影片编辑后，将移动设备与计算机进行连接，即可在"共享"面板中选择该设备进行输出。

在会声会影2018中单击"共享"标签，切换至"共享"面板，单击"设备"按钮，并在设备选项中选择"移动设备"选项，如图13-37所示。

图13-37

技巧与提示

后续输出操作与输出视频的常规操作一致，这里不再重复阐述。

13.4.3 课堂案例——输出到光盘

实例效果	无
素材位置	实例文件\第13章\13.4.3\素材
在线视频	第13章\13.4.3
实用指数	★★★★★
技术掌握	创建光盘

01 进入会声会影2018工作界面，执行"文件"|"打开项目"命令，打开素材文件夹中的"猫咪.VSP"文件，如图13-38所示。

图13-38

02 单击界面上方的"共享"标签，切换至"共享"面板，单击"光盘"按钮 ⊙，右侧有四种存储方式可供选择，分别是DVD、AVCHD、Blu-ray和SD卡，这里选择DVD选项，如图13-39所示。

图13-39

03 弹出Corel VideoStudio对话框，在"添加媒体"步骤界面中，单击"下一步"按钮，如图13-40所示，进入"菜单和预览"步骤，如图13-41所示。

图13-40

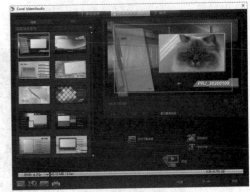

图13-41

04 在左侧的"画廊"选项卡中选择一个智能场景，如图13-42所示。

图13-42

05 在右侧的预览区双击文本，可以修改文本内容，并调整素材的大小，如图13-43所示。

图13-43

06 在预览区下方单击"预览"按钮，如图13-44所示。

图13-44

07 在预览界面中预览修改后的效果，如图13-45所示。

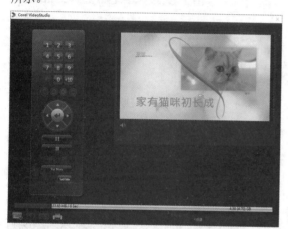

图13-45

08 单击"后退"按钮，返回"菜单和预览"步骤，单击"下一步"按钮，进入"输出"步骤，如图13-46所示。

图13-46

09 单击"显示更多输出选项"按钮，对输出路径进行设置，如图13-47所示。单击"刻录"按钮，即可对光盘进行刻录。

图13-47

13.5　本章小结

在使用会声会影完成影片编辑后，用户可以通过"共享"面板实现一系列输出操作。无论是输出完整影片，还是选取部分影片或音频进行输出，会声会影2018简易的功能设置都能帮助用户快速输出想要的项目。"共享"面板中包含5个输出设备，用户可创建能在计算机上播放的视频，也可创建在移动设备上自由播放的视频，甚至可以在"网络"选项中将影片分享至社交网络。

输出作为制作影片的重要一环，是每一个视频爱好者都需要认真学习的内容。掌握输出技巧及操作，能够极大地方便日后对编辑项目的及时输出及共享。

13.6　课后习题

13.6.1　输出3D影片

实例效果	课后习题\第13章\13.6.1\输出3D影片.m2t
素材位置	课后习题\第13章\13.6.1\素材
在线视频	第13章\13.6.1
实用指数	★★★★
技术掌握	在会声会影2018中导出3D影片

会声会影2018可以将制作完成的影片导出为3D影片，使用3D眼镜能享受更具有冲击力的视频特效。视频效果如图13-48所示。

图13-48

步骤分解如图13-49所示。

图13-49

图13-50

步骤分解如图13-51所示。

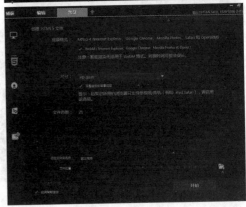

图13-51

13.6.2　输出为HTML 5网页

实例效果	课后习题\第13章\13.6.2\输出为HTML 5网页.VSH
素材位置	课后习题\第13章\13.6.2\素材
在线视频	第13章\13.6.2
实用指数	★★★
技术掌握	将视频输出为网页

　　会声会影2018可以将制作好的视频文件保存为网页，利用网络来分享视频文件。效果如图13-50所示。

第**14**章

商业案例实训

———— 内容摘要 ————

　　本章作为本书的一个综合章节，在回顾前面所学知识的基础上，结合实用性极强的商业案例，进一步详解会声会影2018软件强大的视频制作与后期技巧。

　　在制作商业案例的时候，要善于分析文案，善于观察，找准定位点，平时一定要多学多练，在实操的过程中逐渐巩固软件基础，并积累制作经验。希望读者在学习完本章内容后，可以快速掌握视频制作的基本操作，并能够举一反三，在实际工作中灵活运用软件技巧，制作出令人惊叹的视频作品。

课堂学习目标

- 项目素材的添加与修整
- 转场特效的应用
- 标题字幕的创建与应用
- 覆叠选项的应用
- 关键帧的创建与应用

14.1 电视节目包装

本节将结合前面所学知识点，以案例的形式为各位读者介绍会声会影软件在电视节目包装领域的应用。

14.1.1 课堂案例——水墨画节目开场

实例效果 实例文件\第14章\14.1.1\水墨画节目开场.VSP

素材位置 实例文件\第14章\14.1.1\素材

在线视频 第14章\14.1.1

实用指数 ★★★★★

技术掌握 电视节目开场视频的制作

电视节目片头是电视栏目的重要组成部分，它对节目起到形象包装的作用，对定位起着有效诠释的作用。在制作节目片头前，需要先确立节目类型，掌握项目制作的要点，这样可以有效地厘清片头动画及特效的设计思路。

1. 添加素材

01 进入会声会影2018工作界面，在视频轨中单击鼠标右键，选择"插入视频"命令，添加背景视频"水墨.mp4"，如图14-1所示。

图14-1

02 在覆叠轨1中11秒11帧位置添加素材图片"古瓶.png"，并调整该素材的区间为3秒，如图14-2所示。

图14-2

技巧与提示

在调整时间线到合适位置后，将文件夹中的素材直接拖入视频轨更加便捷。

03 在选中"古瓶.png"素材的状态下，在预览窗口中调整素材的大小及位置，如图14-3所示。

图14-3

04 在素材库左侧单击"转场"按钮，切换至"转场"素材库。单击素材库上方的"画廊"按钮，在弹出的下拉列表中选择"覆盖转场"选项，在其中选择"遮罩"效果，如图14-4所示。

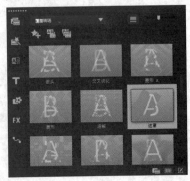

图14-4

05 将"遮罩"效果添加到"古瓶.png"素材前端，如图14-5所示。

图14-5

06 为了使素材画面的过渡效果更加自然，在"效果"选项面板中单击"淡出动画效果"按钮 ▥，如图14-6所示，为"古瓶.png"素材添加淡出效果。

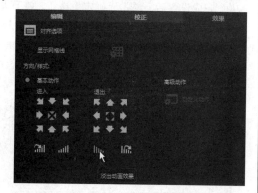

图14-6

技巧与提示

这里添加的转场效果默认时间长度为1秒。

07 在叠加轨1中15秒15帧位置添加素材图片"玉石.png"，并调整该素材的区间为3秒，如图14-7所示。

图14-7

08 在选中"玉石.png"素材的状态下，在预览窗口中调整素材的大小及位置，如图14-8所示。

图14-8

09 用上述同样的方法，在"玉石.png"素材的前端添加一个"遮罩"转场效果，并为该素材添加淡出动画效果，如图14-9和图14-10所示。

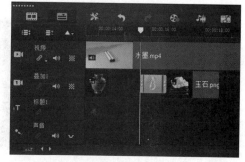

图14-9

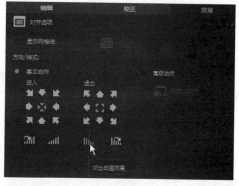

图14-10

2. 添加标题字幕

01 拖曳时间线至00:00:12:019位置，单击素材库左侧的"标题"按钮 ▣ 后，在预览窗口中双击，输入字幕内容，如图14-11所示。

图14-11

02 双击标题轨中的字幕素材，将其全部选中。在"编辑"选项面板中，修改素材时间长度为1秒17帧，然后单击"将方向更改为垂直"按钮 🔳，并设置字体为"隶书"、大小为80、颜色为白色、行间距为120，如图14-12所示。

图14-12

03 单击"边框/阴影/透明度"按钮🔳，在弹出的对话框中选中"外部边界"复选框，并调整其参数值，具体如图14-13所示。

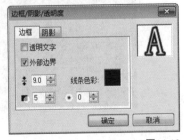

图14-13

04 在"属性"选项面板中选择"动画"单选按钮，并选中"应用"复选框，默认类型为"淡化"，然后单击"自定义动画属性"按钮🔳，如图14-14所示。

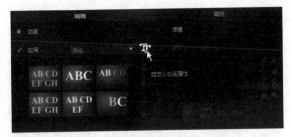

图14-14

05 在弹出的"淡化动画"对话框中，参照图14-15对动画属性进行相应设置。

图14-15

06 完成设置后，单击"确定"按钮。在预览窗口中将字幕摆放到合适的位置，效果如图14-16所示。

图14-16

07 参照上述方法，在16秒23帧位置添加字幕，如图14-17和图14-18所示。

图14-17

图14-18

? 技巧与提示

这里可以直接复制前面的字幕到该时间点，再对文字内容和位置进行调整即可。根据实际需求复制、粘贴素材，能避免重复地调整属性和参数，有效节省时间。

⑧ 拖曳时间线至00:00:20:003位置，在该时间点添加垂直方向的标题字幕"文玩宝库"，如图14-19所示。

图14-19

⑨ 在"编辑"选项面板中，修改该字幕素材区间长度为5秒15帧，并设置字体为"隶书"、大小为125、颜色为黑色、行间距为120，具体如图14-20所示。

⑩ 单击"转场"按钮 ，切换至"转场"素材库，在其中选择"遮罩"效果，将其添加至字幕素材的前端，如图14-21所示。

图14-20

图14-21

⑪ 单击"转场"素材库上方的"画廊"按钮 ，在弹出的下拉列表中选择"过滤"选项，选择"淡化到黑色"效果，将其添加至字幕素材的后端及"水墨.mp4"素材后端，使视频结束画面更加自然，如图14-22所示。

图14-22

⑫ 将"文玩宝库"标题字幕拖曳到覆叠轨1中。拖曳时间线至00:00:21:012位置，在该时间点添加一个新字幕。在"编辑"选项面板中，修改该字幕素材区间长度为4秒06帧，并设置字体为"隶书"、大小为50、颜色为黑色、行间距为120，将其摆放至画面右上角，如图14-23和图14-24所示。

图14-23

图14-24

技巧与提示

在完成标题的一系列设置后，将标题轨道中的字幕素材拖入覆叠轨道，这一操作不会对字幕效果产生影响。

⑬ 在"转场"素材库中选择"时钟"素材中的"中心"转场效果，添加至上述字幕素材的前端，再添加一个"淡化到黑色"效果至素材的后端，如图14-25所示。

图14-25

⑭ 添加一个新的标题轨道，用同样的方法，

在00:00:22:002位置添加一个时间长度为3秒16帧的字幕，字幕属性参照上述设置。设置完成后，将文字摆放在画面右上角位置，效果如图14-26所示。

图14-26

⑮ 在该字幕前后添加"中心"转场效果和"淡化到黑色"效果，如图14-27所示。

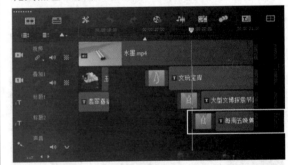

图14-27

⑯ 至此，水墨画节目开场视频就全部制作完成了。单击导览面板中的"播放"按钮，即可预览视频最终效果，如图14-28所示。

图14-28

图14-28（续）

14.1.2　课堂练习——古典中国风电影片头

实例效果　课后习题\第14章\14.1.2\古典中国风电影片头.VSP

素材位置　课后习题\第14章\14.1.2\素材

在线视频　第14章\14.1.2

实用指数　★★★

技术掌握　标题字幕的创建、滤镜效果的应用

在制作中国风视频时，可以融入中国特有的水墨元素，这样能够凸显地域特色，让观众眼前一亮。制作时，需保证画面简洁明了，凸显文本内容，避免出现过于烦琐的画面，影响观影体验。

本案例最终效果如图14-29所示。

图14-29

221

图14-29（续）

14.1.3 课后习题——风景宣传片

实例效果 课后习题\第14章\14.1.3\风景宣传片.VSP

素材位置 课后习题\第14章\14.1.3\素材

在线视频 第14章\14.1.3

实用指数 ★★★★

技术掌握 动画效果的添加、关键帧的设置、覆叠选项的应用

景物风光宣传片往往用十分靓丽的风景作为表现重点，以美丽的画面搭配悠扬的背景音乐来吸引观众。在制作宣传片之前，需要厘清大致的制作步骤，并掌握项目制作要点。

本案例最终效果如图14-30所示。

图14-30

图14-30（续）

14.2　商业广告制作

本节将结合前面所学知识点，以案例的形式为各位读者介绍会声会影软件在商业广告制作领域的应用。

14.2.1　课堂案例——健身俱乐部广告

实例效果	实例文件\第14章\14.2.1\健身俱乐部广告.VSP
素材位置	实例文件\第14章\14.2.1\素材
在线视频	第14章\14.2.1
实用指数	★★★★★
技术掌握	商业广告的设计与制作

本案例的综合性很强，通过为素材添加动态图形遮罩效果，将视频与标题字幕相互搭配，配上动感的背景音乐，为广告营造生动的视觉效果。

1.　添加素材

01　进入会声会影2018工作界面，执行"设置"|"轨道管理器"命令，在弹出的对话框中设置"覆叠轨"数量为3，设置"标题轨"数量为2，如图14-31所示。单击"确定"按钮，保存设置。

02　在视频轨中单击鼠标右键，选择"插入照片"命令，添加"01.jpg"图片素材，并修改该素材时间长度为9秒20帧，如图14-32所示。

图14-31

图14-32

03　在覆叠轨1中添加"圆形过渡.mov"素材，然后拖曳时间线至00:00:09:020位置，单击按钮对素材进行分割，并将时间线后多余的素材删除，使"圆形过渡.mov"素材与"01.jpg"素材长度一致，如图14-33所示。

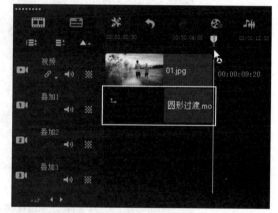

图14-33

04　在选中"圆形过渡.mov"素材的状态下，在预览窗口中调整该素材的大小及位置，使其铺满整个画面，如图14-34所示。

图14-34

05 选择"01.jpg"图片素材，在"编辑"选项面板中选中"摇动和缩放"单选按钮，然后单击下方的"自定义摇动和缩放"按钮 ，如图14-35所示。

06 弹出"摇动和缩放"对话框，将"编辑模式"调整为"动画"，如图14-36所示。

图14-35　　　　图14-36

07 在首帧位置调整"缩放率"为121，在末帧位置调整"缩放率"为138，使画面产生缩放效果如图14-37和图14-38所示。

图14-37

图14-38

08 单击"确定"按钮，保存设置。选择"圆形过渡.mov"素材，在"效果"选项面板中选中"应用覆叠选项"复选框，然后在"类型"下拉列表框中选择"相乘"选项，如图14-39所示。

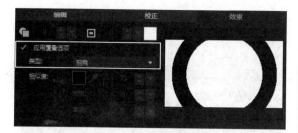

图14-39

09 完成上述设置后，在预览窗口中可预览效果，可以看到"圆形过渡.mov"素材已呈现半透明状态，如图14-40所示。

图14-40

10 拖曳时间线至00:00:01:020位置，然后在时间线后方分别添加"圆形.png"素材至覆叠轨2，添加"圆形划线.mov"素材至覆叠轨3，如图14-41所示。

图14-41

11 调整"圆形.png"素材的时间长度为7秒，然后拖曳时间线至00:00:08:020位置，单击 按钮对"圆形划线.mov"素材进行分割，并选择时间线后多余的素材，如图14-42所示，按Delete键将其删除。

图14-42

？ 技巧与提示

这里的"圆形.png"和"圆形划线.mov"素材末端不需要与上方素材末端对齐，注意预留1秒的空隙，方便之后添加转场过渡。

12 选择"圆形.png"素材，在"效果"选项面板中选中"应用覆叠选项"复选框，然后在"类型"下拉列表框中选择"色度键"选项，如图14-43所示。

13 在预览窗口中调整"圆形.png"和"圆形划线.mov"素材的大小及位置，如图14-44所示。

图14-43

图14-44

14 至此，一组素材的编排工作就完成了。用同样的方法，将素材文件夹中的素材排列至时间轴面板，如图14-45所示，并添加相同属性，调整素材至合适的大小和位置。

图14-45

添加后续几组素材的方法不变，依旧是先在视频轨道添加图片素材，改变其时间长度并添加动画属性（动画属性可选择直接从前图复制过来），然后在覆叠轨中分别添加相应的过渡、形状与划线效果。这里需要注意素材时间长度的一致性，以及空隙的预留，在预览窗口中调整好形状与划线的位置和大小，如图14-46～图14-48所示。

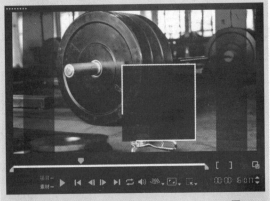

图14-46

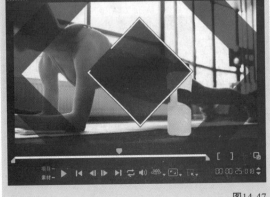

图14-47

图14-48

2. 添加转场效果

① 在素材库左侧单击"转场"按钮，切换至"转场"素材库。单击素材库上方的"画廊"按钮，在弹出的下拉列表中选择"擦拭"选项，在其中选择"箭头"效果，如图14-49所示。

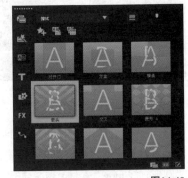

图14-49

② 将选中的效果添加到所有图形和划线素材的前端，如图14-50所示。

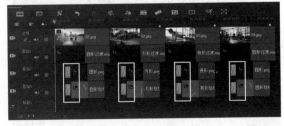

图14-50

这里的"箭头"转场效果时间长度统一为1秒。

03 单击素材库上方的"画廊"按钮▼，在弹出的下拉列表中选择"闪光"选项，在其中选择"闪光"效果，然后将该效果添加到所有图片素材和过渡素材的中间，如图14-51所示。

图14-51

技巧与提示

在两个素材中间添加转场效果时，素材会往前挪动，但时间长度不会发生变化。这里在制作时，如果素材位置发生挪动，那么下方素材的位置也应适当往前挪动，要始终保持素材的连贯性。

04 在素材库左侧单击"图形"按钮，切换至"图形"素材库。单击素材库上方的"画廊"按钮▼，在弹出的下拉列表中选择"色彩"选项，在其中选择黑色色块素材，如图14-52所示。

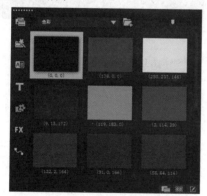

图14-52

05 将色块素材添加至视频轨中"04.jpg"素材的后方，并调整其时间长度为12秒，如图14-53所示。

06 拖曳时间线至00:00:36:024位置，然后在时间线后方添加"圆形划线.mov"素材，然后拖曳时间线至00:00:45:013位置，单击▶按钮对"圆形划线.mov"素材进行分割，并选择时间线后多余的素

材，如图14-54所示，按Delete键将其删除。

图14-53

图14-54

07 在预览窗口中调整"圆形划线.mov"素材的大小及位置，如图14-55所示。

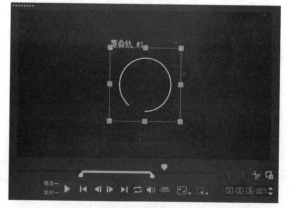

图14-55

08 拖曳时间线至00:00:44:008位置，然后在时间线后方添加"两点.mov"素材，如图14-56所示。

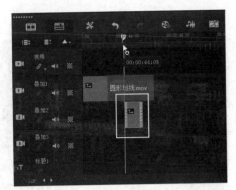

图14-56

09 在预览窗口中调整"两点.mov"素材的大小及位置，如图14-57所示。

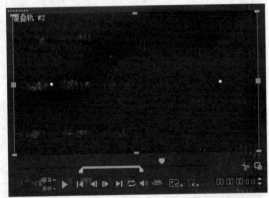

图14-57

10 在"转场"素材库的"过滤"素材中找到"淡化到黑色"转场效果，将其添加到"04.jpg""圆形过渡.mov"与"圆形划线.mov"素材的后方，如图14-58所示。

图14-58

3. 添加标题字幕与音乐

01 拖曳时间线至00:00:02:020位置，单击素材库左侧的"标题"按钮，在预览窗口中双击，输入文字"健身俱乐部"，并在"编辑"选项面板中修

改其时间长度为6秒，如图14-59所示。

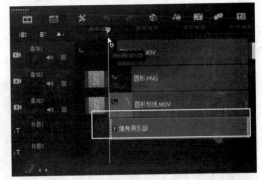

图14-59

02 在选项面板中调整文字的大小、颜色等参数，然后将其摆放至画面中心位置，如图14-60所示。

图14-60

技巧与提示

这里的文字大小参数不做具体说明，在制作时，需注意与之前调整的图形素材的大小相匹配。

03 在"属性"选项面板中选中"动画"单选按钮，并选中"应用"复选框，默认类型为"淡化"，在列表框中选择第1行第2个淡入效果，如图14-61所示。完成操作后，字幕动画效果如图14-62所示。

图14-61

图14-62

04 拖曳时间线至00:00:11:015位置，在该时间点添加字幕"全新器材"。在"编辑"选项面板中修改其时间长度为6秒，调整合适的大小及颜色等参数，并摆放到合适的位置，效果如图14-63所示。

图14-63

05 拖曳时间线至00:00:12:015位置，在该时间点添加一段说明文字。在"编辑"选项面板中修改其时间长度为5秒，调整合适的大小及颜色等参数（字体为黑体），并摆放到合适的位置，效果如图14-64所示。

图14-64

技巧与提示

如果想要上述字幕过渡更加自然，可在"属性"选项面板中添加动画效果，或单击"自定义动画属性"按钮 T，在弹出的对话框中自行设置一种交叉淡化效果，如图14-65所示。

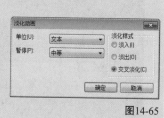

图14-65

06 用同样的方法，继续添加两组文字，效果如图14-66和图14-67所示。

图14-66

图14-67

技巧与提示

用户可以直接复制前面的字幕，并粘贴到相应位置，再修改文字内容。这一操作不会影响到文字属性和时间长度。

07 拖曳时间线至00:00:36:024位置，在该时间点添加结束字幕"全民健身运动不止"。在"编辑"选项面板中，修改其时间长度为8秒14帧，调整合适的大小及颜色等参数，并摆放到画面中心位置，效果如图14-68所示。

图14-68

08 完成所有的字幕制作后，将素材文件夹中的"音频.mp3"素材添加至音乐轨道，然后拖曳时间线至00:00:47:005位置，单击 按钮对音频素材进行分割，并选择时间线后多余的素材，将其删除，如图14-69所示。

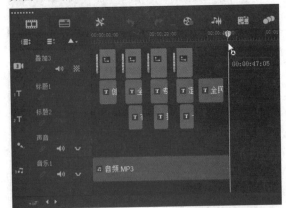

图14-69

技巧与提示

用鼠标右键单击音乐素材，在弹出的快捷菜单中选择"淡入"和"淡出"效果，将使音乐过渡更加自然。

09 至此，素材全部添加完成了，时间轴面板中的素材分布如图14-70所示。

图14-70

10 单击导览面板中的"播放"按钮，即可预览视频最终效果，如图14-71所示。

图14-71

图14-71（续）

14.2.2 课堂练习——时尚家居广告

实例效果	课后习题\第14章\14.2.2\时尚家居广告.VSP
素材位置	课后习题\第14章\14.2.2\素材
在线视频	第14章\14.2.2
实用指数	★★★★
技术掌握	覆叠选项的应用、预设标题字幕的应用

本练习将制作一款简约风格的家居广告，适用于电商宣传和网站主页等。此类广告所选素材最好为产品精修效果图，以直观地向观众传递产品信息，达到宣传公司产品、提高产品外销的目的。

本案例最终效果如图14-72所示。

图14-72

图14-72（续）

14.2.3　课后习题——公司招聘广告

实例效果	课后习题\第14章\14.2.3\公司招聘广告.VSP
素材位置	课后习题\第14章\14.2.3\素材
在线视频	第14章\14.2.3

实用指数　★★★★★

技术掌握　素材的修整、关键帧的创建与应用、标题字幕的创建

　　相对于传统的图文招聘广告，视频阅读成本更低，在互联网时代传播更为迅速。无论是通过手机、网站还是户外广告传播，视频都显得更为直观，信息更为丰富，能更好地将企业信息展示给大众。

　　本案例最终效果如图14-73所示。

"书是人类进步的阶梯"
——高尔基

我们有专业的图书编辑团队

可以让您全面了解图书出版行业的整个流程

图14-73

公司已出版图书上百种 涵盖多个领域

同时享受双休 法定节假日

如果你也喜欢图书 不妨加入我们吧！

图14-73（续）

14.3　本章小结

　　会声会影2018作为一款专业的影视后期制作软件，不仅可以对素材进行编排和整合，还能为素材添加各种类型的遮罩、滤镜及转场等效果，以帮助用户打造出流畅、精美的视频效果。本章结合了前面所学的基础知识，详细讲解了电视节目包装与商业广告类案例的制作方法，意在帮助读者快速掌握会声会影软件的使用技巧。只有勤加练习，将所学投入到实际工作应用中，才能在技术水平提高之路上不断前进。